전기·전자기기의 진동과 온도·습도 복합환경시험

이즈미 쥬로(泉 重郎) 저 | 김성훈 역

BM 성안당

전기 · 전자기기의   진동과 온도 · 습도 복합환경시험

Original Japanese edition
Denki · Densi Kiki No Sindou To Ondo · Situdo Hukugou Kankyou Siken
by 泉 重郎
Copyright ⓒ 2007 by 泉 重郎
published by Triceps, Ltd.

This Korean Language edition is co-published by Triceps, Ltd. and SEONG AN
DANG Publishing Co.
Copyright ⓒ 2012
All rights reserved.

「머리말」

현재의 글로벌한 시장 변화와 테크놀로지의 진화는 더욱 빠르고 넓게 변화하고 있으며, 고객의 안전에 대한 중요성은 날로 증대되고 있습니다. 그렇기 때문에 세대 교체가 진행되고 있는 현재 시점에서, 기본이 되는 신뢰성 기술의 구축이 더욱 절실하게 필요해지고 있습니다.

일반적인 신뢰성 평가로서의 환경시험은 국내에서 오래 전부터 기업에 채용되어 국제적인 품질평가를 얻게 되었습니다. 오늘날 이미 세계 최첨단을 달리는 자동차 업계에서는 이전부터 자동차의 사용 환경보다 단일 환경 스트레스 인자에 대한 평가 이외의 신뢰성시험이 실시되어 왔습니다. 그것은 복수의 환경 인자를 동시에 또는 시계열적으로 차례차례 가하는 복합환경시험입니다.

복합환경시험의 스트레스 인자는 아주 다양하지만, 이 책에서는 대표적인 환경인자인 온도·습도·진동을 결합한 복합환경시험에 대해 그 기초부터 구체적인 실험방법과 효과까지 상세하게 설명하겠습니다.

이즈미 쥬로

차례

| 1부 | 복합환경시험의 기초 |

1장 진동과 온도·습도의 기초

1-1 진동 ·····10
 1. 진동현상 ·····11
 2. 주요 진동사례 ·····11
 3. 과거 진동에 의해 일어났던 문제 ·····12
 4. 정현진동 ·····12
 5. 정현진동의 조합에 의한 파형 변화 ·····13
 6. 충격과 그 스펙트럼 ·····16
 7. 충격현상과 공진에 대해 ·····17

1-2 온도·습도 ·····19
 1. 온도 ·····19
 2. 습도 ·····19
 3. 기체의 분자운동 ·····20
 4. 기화·팽창 ·····21
 5. 빙결·팽창 ·····21

2장 복합환경시험의 기초

2-1 환경시험 ·····22
 1. 환경시험의 기준치 ·····22
 2. 환경시험의 기초 지식 ·····23
 3. 온도 사이클 시험과 열 충격시험 ·····26

2-2 복합환경시험의 환경 조건 ·····29

contents

1. 복합환경시험의 정의 　·····29
2. 복합환경시험의 환경조건 　·····30

2-3 복합환경 조건에 의한 영향과 현상 　·····31
1. 신뢰성시험을 위한 개념 　·····31
2. 신뢰성시험 계획 　·····31
3. 복합환경 조건에 의한 영향과 현상 　·····32

2부　복합환경시험의 실시

3장 진동시험의 실시

3-1 진동시험의 목적 　·····36
1. 진동시험의 개념 　·····36
2. 진동시험의 목적 　·····37
3. 신뢰성시험으로서의 유의사항 　·····38

3-2 진동시험장치 　·····38
1. 전동형 진동발생기의 구조 　·····39
2. 전동형 진동발생기의 동작 　·····41
3. 복합환경 시험을 위한 연결방식 　·····45

3-3 진동시험의 제어 　·····47
1. 전동형 진동발생기의 진동특성 　·····48
2. 제어장치 　·····52
3. 제어용 응답신호 　·····53
4. 제어신호의 평균화 　·····56
5. 제어계의 제어속도 　·····57

3-4 각종 진동시험 ·····58
  1. 진동시험의 종류 ·····58
  2. 정현파 진동시험 ·····59
  3. 랜덤진동시험 ·····62
  4. 충격(쇼크) 진동시험 ·····69
  5. 기타 진동시험 ·····79

3-5 각종 진동시험 방법 ·····83
  1. 정현파 소인 진동시험의 시료응답 ·····83
  2. 랜덤진동시험의 시료응답 ·····85
  3. 정현파 진동시험과 랜덤진동시험의 차이 ·····86

4장 복합환경 신뢰성시험

4-1 필요성의 배경 ·····87
  1. 신뢰성시험의 개념 ·····88
  2. 필요성의 배경 ·····89

4-2 고장과 시험조건 ·····90
  1. 신뢰성시험의 구축 ·····90
  2. 고장과 시험조건 ·····91
  3. 양품해석과 고장해석 ·····93

4-3 각종 복합환경 신뢰성시험의 개념 ·····95
  1. 마찰계수의 저하에 의한 고장발생 ·····95
  2. 코팅 파괴와 부식 ·····97
  3. 복합 스트레스 인가에 의한 효과의 개념 ·····98

contents

3부 복합환경 시험 사례와 신뢰성	

5장 복합환경 시험 사례

5-1 차재기기의 복합환경 시험사례 ·····102
　1. 차재 커넥터의 복합환경 시험사례 ·····102
　2. 차재 어셈블리 유닛의 복합환경 시험사례 ·····103

5-2 복합환경시험에 의해 계측 가능한 부품의 특성 ·····105
　1. 시료 계측에 필요한 주의사항 ·····105
　2. 알루미늄 판의 진동특성 ·····106
　3. 프린트기판의 진동특성 ·····113

6장 실제 시장환경(복합환경)에 대한 신뢰성 평가

6-1 차재기기의 시장환경(복합환경) ·····118
　1. 차재기기의 사용 환경 ·····119
　2. 차의 온도와 습도 ·····119
　3. 주행 시에 발생하는 진동과 주위환경 ·····121

6-2 장치·제품·부품에 대한 시장환경 ·····122
　1. 자동차 부품의 신뢰성 보증 ·····122
　2. 시장부하의 파악과 주행 상황의 환경 ·····123

4부   앞으로의 복합환경시험

7장 앞으로 필요하게 될 복합환경시험

7-1 최근의 복합환경시험　·····130
  1. 온도·습도와 진동파형의 조합　·····130
  2. 제품·부품의 결함 검출방법　·····133
  3. 제품·부품의 결함제거와 개선　·····141

7-2 고도의 복합환경시험　·····149
  1. 고도의 복합환경시험 시스템　·····149
  2. 고도의 복합환경시험의 실제 환경에 대한 적용　·····150
  3. 고도의 복합환경 시험에서 기계적 스트레스를 주는 방법　·····152

7-3 차재기기의 ISO 국제규격 소개　·····154
  1. ISO 국제규격의 소개　·····154
  2. ISO 국제규격의 총론　·····154
  3. ISO 국제규격의 진동·충격　·····156
  4. 구체적인 장치에 대한 시험내용 소개　·····158

8장 복합환경시험에 관한 시험규격

8-1 환경시험규격의 역사와 공적 규격 소개　·····174
8-2 진동시험에 관한 JIS규격과 그 밖의 대표적인 규격의 소개　·····175
8-3 충격시험에 관한 JIS규격과 그 밖의 대표적인 규격의 소개　·····177

맺음말　·····178
찾아보기　·····179

복합환경시험의 기초

1부

제1장 진동과 온도·습도의 기초
제2장 복합환경시험의 기초

1장
진동과 온도·습도의 기초

장치를 구성하는 기기와 부품에 대한 신뢰성 확인과 품질평가에 필요한 환경시험으로서 지금까지는 기상 환경시험(온도·습도시험)과 기계적 환경시험(진동·충격)이 단일 환경요소만으로 시험되어 왔다. 그러나 공업제품의 용도가 확대(소형화·휴대기기의 증대)됨에 따라 개인 사용자들이 제품의 사용 장소를 스스로 개척해가는 경향이 더욱 강해지고 있다. 결과적으로 기존에 행해지던 「조달·생산·출하·물류·설치환경」에서 필요로 하는 신뢰성 확인과 품질평가만으로는 불충분해졌고, 개인적 용도에 따른 가혹한 취급 방식에 대한 안정성과 신뢰성을 좀더 확실하게 평가할 수 있는 시험이 필요해졌다. 실제 글로벌 사회에 적용할 수 있는 부품·제품의 조달·수입 평가에 필요한 수송환경을 비롯하여 신뢰성 확인과 품질평가를 실제 사용 환경에 더욱 가깝게 재현하는 복합환경시험이 요구되는 것이다.

이 장에서는 복합환경시험에서 다루게 될 「진동과 온도·습도」에 필요한 기초에 대해 알아본다.

1-1　진동

진동이라고 하면 가장 먼저 머릿속에 떠오르는 것이 지진이다. 특히 최근 일본에서는 크고 작은 지진이 각지에서 발생하여 자연재해에 대해 두려움을 느끼고 지진에 대한 대비를 자각하는 사람들이 늘어나고 있다.

자연계의 진동뿐만 아니라 공업제품·개인적 용도 제품에도 제품 자체에서 진동이 발생하는 제품(비행기·자동차·전기세탁기·프린터)이 수없이 존재한다.

지진에 대해 생각해보면 진원지에서 발생한 진동은 지반을 지나 가옥 등의 구조물에 전달된다. 이때 지표면과 가옥 내의 진동은 동일하지 않으며 가옥 내에 설치된 가구 등의 진동도 다르다. 이것은 지반의 성질에 따라 전달되는 지진의 크기가 다르고, 가옥 내에서도 가구에 전달되는 진동특성 및 가구를 고정하는 방법에 따라 진동이 변하기 때문이다. 이러한 성질은 온도·습도와는 달리 진동주파수·위상에 의해 영향을 받는 방법에서 차이가 나타난다.

공업제품에서 제품 자신이 진동을 발생하는 경우에 우선 발생하는 진동(선풍기·일정회전 모터)의 성질과 크기를 비교적 용이하게 분석하여 이해할 수 있으며, 제품의 내부와 주변에 미치는 영향에 대해서도 평가할 수 있다.

그러나 복수의 진동과 복잡하고 부정기적인 진동의 조합(엔진 진동)인 경우에는 각종 진동 특성을 통한 진동 전반에 대한 영향을 판단하기 위해서 진동현상에 대한 고도의 지식과 경험과 진동시험에 의한 고도의 평가방법이 필요하다.

여기서는 정현파 진동과 충격현상을 기초적인 진동의 예로 들어 복합환경시험을 이해하는 기초 지식으로 삼을 것이다.

1. 진동현상

물리적인 양으로서 「전압·전류·물체의 위치」 등이 시간에 따라 변화하고, 이동하는 방향 (극성)을 바꾸면서 지속하는 현상을 일반적으로 「진동」이라고 한다. 지속이 짧고(감쇠가 빠르다), 단시간에 발생했다가 소멸하는 현상은 따로 「충격」이라고 하여 기계적인 진동으로 이해되고 있다.

낡은 가옥의 기둥에 붙어 있는 벽시계의 추 운동, 바람이 거센 날 천장에 매달린 전선에서 일어나는 움직임이나 수면 위의 파문을 보면, 어떤 점과 장소의 운동은 움직임의 정지위치나 안정된 평형점을 중심으로, 경과하는 시간 속에서 반복 운동을 하는 것을 관찰할 수 있다.

진동이 발생하는 메커니즘에는 시계추처럼 「일정시간 간격으로 주기적으로 원래 위치로 돌아오거나 통과하는 단순한 진동」과 시시각각 바뀌는 바람의 세기와 풍향에 따라 「반복운동의 시간간격과 흔들리는 크기가 불규칙하게 변화하면서 일어나는 복잡한 진동」도 관찰된다. 발생 원인이 되는 에너지와 영향을 받는 물체의 특질에 따라 각양각색의 진동현상이 존재한다.

2. 주요 진동사례

① 프린터 인쇄 시의 진동

② FDD 및 HDD, CD 등의 읽기, 쓰기, 동작 시의 진동

③ 컴퓨터를 사용할 때 CPU 냉각팬의 진동

④ 전자동 세탁기의 세탁 중에 종종 일어나는 진동

⑤ 승용차와 버스의 공회전시 일어나는 저주파수의 큰 진동

⑥ 주행 중인 노면상태에 의해 받는 타이어, 서스펜션, 바디의 진동과 이것들을 통해 차의 실내로 전달되는 진동

⑦ 회전체의 불균형에 의해 일어나는 「다이내믹 언밸런스」 진동, 회전체를 지지하는 축수 베어링의 변형, 긁힘, 마모에 의해 일어나는 진동

⑧ 선풍기 날개가 바람을 가르는 소리와 날개의 불균형에 의한 진동, 축수의 마찰에 의한 진동

3. 과거 진동에 의해 일어났던 문제

① 중동 분쟁에서 수에즈 운하 봉쇄 시(제1차 동란) 나홋카를 경유한 시베리아 철도를 통해 유럽으로 TV를 수출했을 때 현지에서 고장이 속출하여, 그 대책평가로서 「시베리아 랜드 수송시험방법」을 메이커가 설정했고, 나중에 이 랜덤 패턴이 JIS의 랜덤 수송시험의 기본패턴으로 채용되었다.

② 자동차 내비게이션 탑재 초기에 채용했던 항공기 자일로의 간이형 장치가 트렁크 룸 내의 진동과 환경에 대응하지 못하여 「복합 레이트 턴테이블 시험」이 필요하게 되었다.

③ 승용차(세단) 사용부품을 박스카로 유용하는 초기에 불량 발생.

④ 카오디오 음의 튐 현상 시험에서 판판한 돌이 깔린 도로 등에서 주행 중에 일어나는 원인을 2, 3방향 동시다축 진동시험으로 재현하고 대책을 마련했다.

⑤ 정밀제조현장에서 저진동에 대한 방진과 제진의 필요성이 높아져 액정유리 생산, 고밀도 다층기판에도 필요하게 되었다.

⑥ 메모리 기기의 고밀도, 고속회전에 대해 회전진동과 면진동의 저감과 방진이 필요하게 되었다.

4. 정현진동

일본공업규격 [기계진동·충격용어] (JIS B 0153-1985)에 의하면 「어떤 좌표계에 관한 양의 크기가 그 평균치 또는 기준치보다 큰 상태와 작은 상태를 서로 반복하는 변화. 일반적으로 시간에 대한 변화이다」라고 되어 있다. 그 시간변화에서 일정시간 간격으로 동일한 값을 반복하는 진동을 주기진동이라고 하며, 임의의 시각에 크기를 예측할 수 없는 진동을 불규칙진동이라고 한다. 여기서 진동량을 y로 했을 때, 주기진동은 식(1)로 나타낼 수 있다.

$$y = f(t) = f(t + nT) \tag{1}$$

식 (1)에서 t는 시간, n은 정수, T는 상수이다.

또한, 시간의 정현함수로 나타내는 진동을 정현진동(단진동)이라고 하며 이것은 식(2)로 나타낼 수 있다.

$$y = A\sin(\omega t + \phi) \tag{2}$$

식 (2)에서 y는 시간과 함께 시시각각 변화하는 정현량이므로 A는 진폭, ω는 진동수, ϕ는 진동파형의 위상을 나타낸다. 이 진동파형의 진폭과 위상의 파형이 변화하는 모양에 대해 정현진동이 발생하는 모양을 다음과 같은 모델 그림 1-1을 상정하여 설명한다.

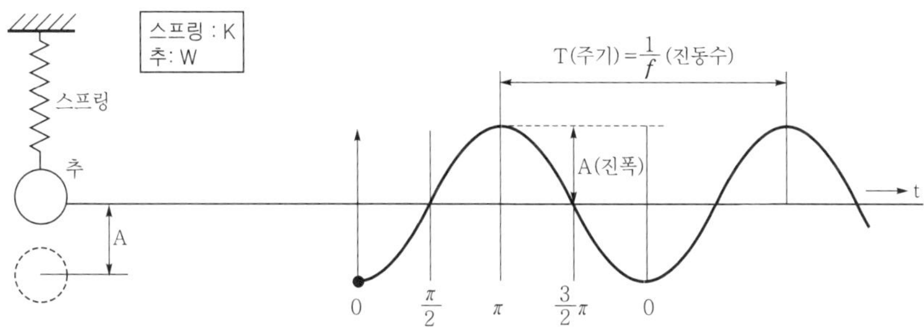

● 그림 1-1 정현진동의 발생 설명 ●

「스프링으로 천장에 매달려 있는 추의 운동」에서 추의 아래쪽 방향으로 변위 A가 발생하는 힘을 가하고 변위 A의 최하점에서 놓는다. 이 때 스프링 K와 추의 질량 W에 의해 결정되는 고유진동수로 추는 상하로 진동한다. 우측의 진동파형 궤적은 최하점의 변위에서 시간 t의 방향으로 진폭 A, 진동수 ω로 정현진동을 반복한다. 실제로는 공기저항에 의해 진폭이 감쇠하면서 진동은 시간축 t 위를 반복한다.

5. 정현진동의 조합에 의한 파형 변화

(1) 동일한 주기의 정현진동이 겹쳐지는 경우

정현진동의 진폭과 위상만 다른 2개의 동일한 진동이 겹쳐질 경우, 어떤 진동파형이 합성되는가를 그림 1-2에서 설명한다. 그림 1-2에서 2개의 진동을 다음과 같은 식 y_1, y_2로서 2개의 독립된 파형이 합성된 때의 파형을 생각한다.

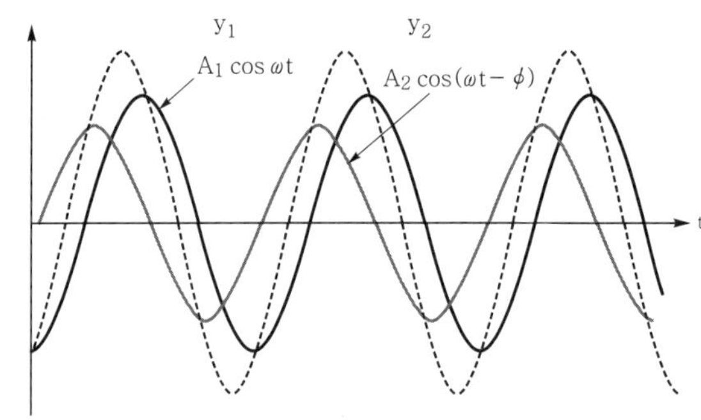

● 그림 1-2 동일한 주기의 정현진동 파형이 겹치는 경우 ●

$$y_1 = A_1 \cos \omega t \tag{3}$$

$$y_2 = A_2 \cos(\omega t + \phi) \tag{4}$$

식(3)과 (4)를 합성하면 다음과 같은 식(5)가 된다.

$$y_1 + y_2 = A \cos(\omega t + \alpha) \tag{5}$$

이 식으로 합성된 파형의 성격을 알기 위해서 다음과 같이 변환한다.

$$A = A_1{}^2 + A_2{}^2 + 2A_1 A_2 \cos \phi \tag{6}$$

$$\alpha = \tan^{-1} \frac{A_2 \sin \phi}{A_1 + A_2 \cos \phi} \tag{7}$$

변경된 식에서 다음과 같은 사실들을 이해할 수 있다.

A에서 동일한 주기진동에 의해 진폭이 변한다.

α에서 동일한 주기진동에 의해 위상이 변한다.

(2) 진동주파수가 다른 정현진동이 겹치는 경우

두 개의 진동이 동시에 시작하고 진동주파수 ω가 2 : 1로 진폭이 낮은 주파수 진동이 2배가 되는 2개의 정현진동이 합성될 때, 그 진동파형의 진동수와 진폭이 어떻게 합성되는지를 그림 1-3에 나타냈다. 합성된 진동은 정현진동이 되지 않고 복잡한 파형이 된다.

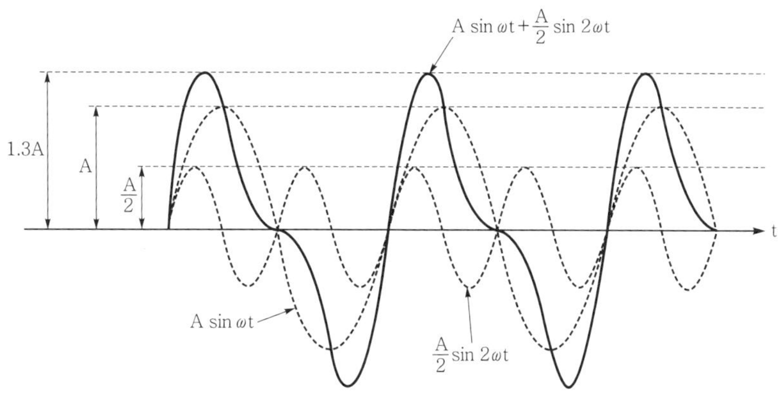

● 그림 1-3 동시에 시작(위상)하고 진동주파수와 진폭이 2 : 1인 경우 ●

　다음으로 두 개의 진동주파수 ω가 2 : 1이고 진폭이 낮은 주파수 진동이 2배로 시작하는 위상차가 있다면 합성된 파형이 어떻게 변화하는지를 그림 1-4에 나타냈다.

　그림 1-3의 진동파형과는 다른 의미로 크게 다른 진동파형으로 합성되고 있다. 양쪽의 파형이 동일한 2조의 진동주파수 성분이라고는 생각할 수 없는 파형이 되어 복수의 진동성분이 더해질 때, 위상의 관계가 영향을 미친다는 것을 보여준다.

　실제 제품·부품이 진동의 영향을 받고 있을 때, 복수의 다양한 진동성분이 어떤 진동축에서부터 어떤 진동특성을 거쳐 전달되는가에 따라 진동파형이 미묘하고 복잡하게 혹은 크게 변화한다는 것을 인식할 필요가 있다. 상세한 것은 별도의 장에서 다루기로 한다.

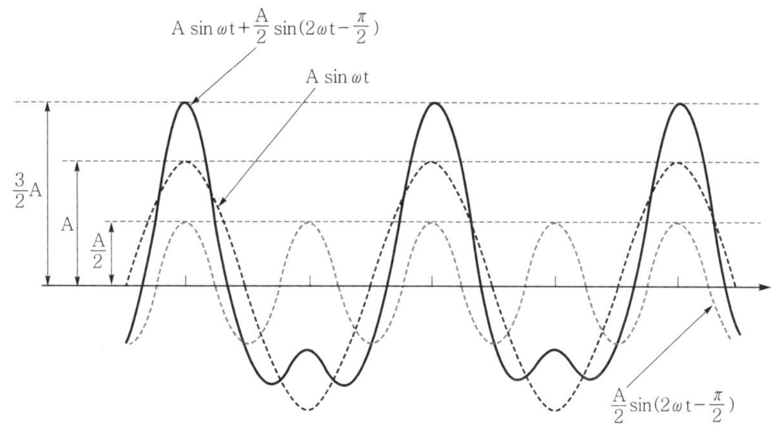

● 그림 1-4 시작, 위상이 90° 높은 진동주파수가 진행한 경우 ●

6. 충격과 그 스펙트럼

휴대기기의 낙하 또는 자동차가 턱을 통과하거나 충돌하는 등의 충격들은 제품·부품에 가해지는 기계적인 진동충격이 그 계의 고유 진동주기에 비해 단기간에 끝나는 경우를 가리킨다. 실제의 경우는 낙하, 충돌 이외에는 과도현상으로서 여러 차례에 걸쳐 반복되는데 주행시에 받는 노면으로부터의 충격진동(험로주행)은 비주기적으로 반복해서 받게 되는 경우가 많다.

대표적인 충격펄스 2종류에 대한 감쇠 스펙트럼을 그림 1-5, 1-6에 나타냈다.

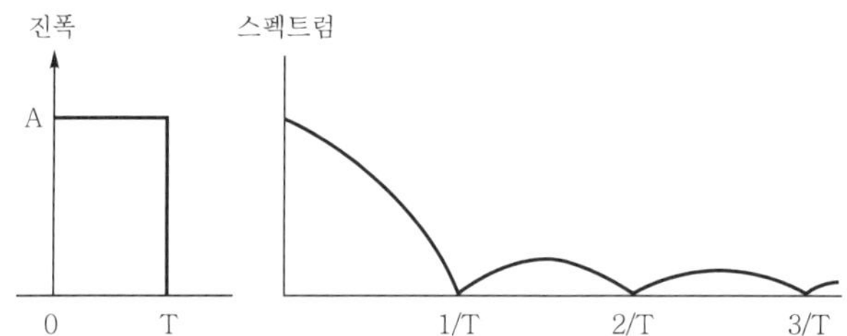

● 그림 1-5 단일 구형파(square wave) 펄스가 더해질 때의 감쇠 스펙트럼 ●

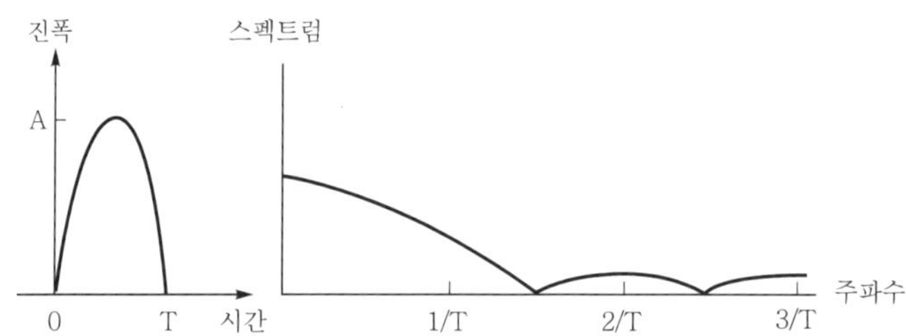

● 그림 1-6 정현반파 펄스가 가해질 때의 감쇠 스펙트럼 ●

그림 1-5는 진폭 A, 시간(duration) T의 구형파(square wave)에 의한 충격으로 연속적인 스펙트럼을 가지는 것을 나타내며 최초의 주파수 0에서 높이는 AT의 면적에 비례하고 스펙트럼은 1/T의 주파수에서 0이 되고 있다. 실제로는 그림 1-6과 같이 반 사이클의 파형이 되고 T가 짧을수록 AT의 면적은 작아지지만, 1/T은 높은 주파수로 바뀌므로 낮은 주파수 성분에서부터 높은 주파수 성분까지를 가지는 연속 스펙트럼이 된다는 것을 알 수 있다. T = 0.5 초에서는 1/T = 2Hz, 2/T = 4Hz가 되며 T = 0.05초에서는 20Hz, 40Hz가 되고, 저주파 성분에서 고주파 성분까지의 연속 스펙트럼 성분을 가지게 된다.

다음으로 어떤 충격이 용수철과 저항에 의해 지지된 질량에 가해질 때, 질량의 운동에 대해 그림 1-7에서 설명한다.

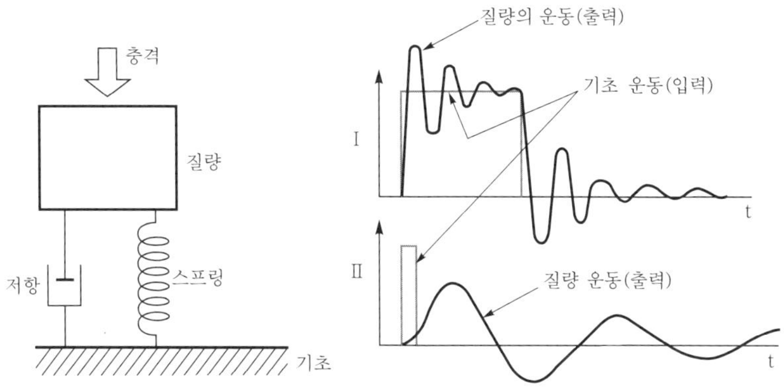

● 그림 1-7 스프링과 저항에 지지된 질량에 어떤 충격이 가해졌을 때의 운동 ●

그림 1-7의 왼쪽 그림은 스프링과 저항에 지지되는 질량의 모델을 나타낸다. 오른쪽 그림 Ⅰ와 Ⅱ는 주어진 충격 펄스폭의 시간(duration)에 따라 주파수 성분이 달라지고, 충격 펄스폭에 의해 질량이 감쇠해가는 충격파의 상태가 바뀌며 충격가진(加振)에 의한 1자유도 질량의 응답이 Ⅰ, Ⅱ와 같이 펄스폭의 시간(duration) 차이에 의해 발생한다는 것을 나타내고 있다.

7. 충격현상과 공진에 대해

충격은 단시간에 가해지는 비교적 큰 가속도 파형으로 계측된다. 이렇게 펄스상태의 파형은 저주파수(직류부근)에서부터 수 kHz까지의 광대역 주파수 성분을 연속적으로 포함하고 있다. 이 때문에 충격파를 받은 제품·부품이 감쇠하는 스펙트럼의 과정에서 공시품이 가지는 몇 개의 공진점이 어떻게 공진을 일으키며 상호 간섭하면서 감쇠하는 과정에서 서로 어떤 영향을 주는지가 중요하게 된다.

그림 1-8에 시료의 감쇠응답을 나타냈다. 시료의 고유진동수가 단순히 $\omega=2\pi f_0(\text{rad})$라고 하고, 이 공시품에 충격 펄스폭 t_0인 정현반파(하프사인)를 가하면 그림 1-8에 나타낸 것처럼 충격가속도 펄스가 가해진 후에 시료 고유의 진동수에 의해 감쇠하면서 지속한다.

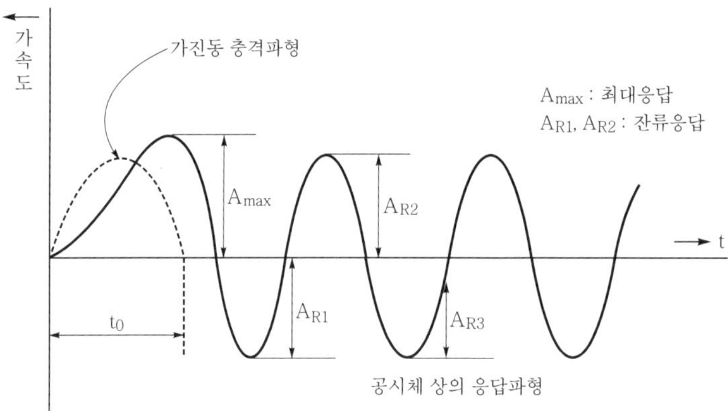

● 그림 1-8 공시품에 정현반파 충격을 가했을 때의 감쇠응답 ●

이처럼 1자유도의 진동계에 일정한 충격이 가해졌을 때, 가해진 충격파의 형(파형, 펄스폭, 피크 값)에 따라 충격파의 성분이 달라지고, 공시품에 존재하는 공진계에 의해 응답파형은 여러 가지로 미묘하게 달라진다.

[진동성분과 진동에너지에 대해]

끝으로 진동성분과 진동에너지의 관계에 대해 정리하면, 진동에너지가 큰 진동은 「위상·속도가 모두 큰 진동」이라고 할 수 있으며 가속도가 크다는 것이 에너지가 반드시 크다는 것을 의미하지 않는다. 예를 들어 가속도가 동일하더라도 주파수가 1/10 낮으면 속도는 10배가 되고 변위는 100배가 되기 때문이다. 가속도는 「힘」에는 비례하지만 변위가 작으면 가하는 에너지에 대한 기여는 적어진다. 이 사실은 공시품이 가지는 다양한 공진점에서 외부로부터의 충격 또는 진동에 의해 공진이 발생하게 되면, 그 공진점에서의 진동에너지는 변위·속도 모두 극대가 된다고 생각할 수 있으며 진동에너지도 극대가 된다. 공시품의 피로파괴는 공시품 내부의 내장부품에 의한 공진에 의해, 그 부품 또는 지지하고 있는 부분에서 가장 일어나기 쉬운 것으로 생각할 수 있다.

1-2 온도·습도

시장에서 사용되는 제품에 가장 밀접하고 중요한 많은 부하를 주는 환경인자가 온도와 물이다. 온도와 수분의 물리적 특성은 다음과 같다. 온도는 열에너지를 구체적으로 알 수 있는 물리량으로 그 증감을 파악하면 열에너지의 양과 변화를 알 수 있다.

한편 공기와 수분의 조합 정도로 습도를 알 수 있는데 수분의 존재량은 온도의 고저에 의해 증가 또는 감소하고 시시각각의 대기압에 따라 변화한다.

기상환경시험에서 취급하는 환경인자는 「온도·습도·감압(減壓)·비·바람·일사량·염분」 등으로 이들에 대한 정의로 MIL에서는 환경을 「특정 시점, 특정 장소에서 발생 또는 조우하는 자연조건 및 유도되는 조건의 총칭」이라고 되어 있다. 대표적인 예로 「고온＋습도」에서 고온은 습기의 침입을 조장하는 경향이 있고, 습도의 열화(劣化)작용은 고온에서 촉진된다. 또한 「저온＋습도」에서는 온도의 저하와 함께 습도가 상승하고, 저온은 수증기의 응축을 유발한다. 여기서는 온도와 습도에 대한 기초적인 사항들을 살펴보기로 한다.

1. 온도

온도는 우리들의 일상생활과 밀접하게 관계된 환경 현상이며 신뢰성시험에 있어서도 기본적인 환경 스트레스 인자이다. 또한 최근 세계 각지에서 발생하고 있는 이상기후도 이 지구온난화 현상에 기인하는 것으로 알려져 있다.

온도는 열에너지의 하나로 특히, 사계절이 존재하는 일본에서는 1년 내내 생활 속에서 실감할 수 있다. 여름철 한낮의 고온과 저녁의 잠 못 드는 열대야, 겨울 아침의 추위와 저녁 해가 떨어진 후 몸 속까지 스며드는 추위도 모두 열에너지의 변화이다.

이들 온도의 변화에 대해서 사람은 의복의 조절(예전에 화제가 되었던 쿨 바이러스, 웜 바이러스)과 별도의 에너지 변환기에 의해 기온을 조절한다.

하지만 시장에서 사용되는 제품·부품 자체는 이런 환경변화에 대해서 수동적이며 전 세계적인 환경·계절적인 변화·다양한 옥외환경, 실내 환경에 의해 열적 환경변화를 직접 받게 된다.

2. 습도

온도 변화에 따라 변하는 것이 습도인데 특히, 장마가 존재하는 일본 각지에서는 습도의 성질에 민감하다. 습도는 건조공기와 수분(수증기)의 비율을 지표화한 것으로 수분의 양은 습도의 고저에 따라 변한다. 공기가 따뜻해지면 습도는 내려가고, 공기가 차가워지면 습도는 올라간다. 이는 공기의 온도가 낮으면 약간의 수증기밖에 포함할 수 없지만, 온도가 높아짐에 따라 많은 수증기를 포함할 수 있다는 것을 나타낸다.

다음으로 온도변화와 결로현상에 대해 설명한다. 결로현상은 일상적으로 체험하는 현상으로서 다음과 같은 예를 들 수 있다. 차가운 맥주를 컵에 부으면 컵 주변의 공기가 냉각되어 컵 표면에 물방울이 생긴다. 또한 겨울에 실내를 따뜻하게 하면 바깥 공기와 접촉하는 유리창에 물방울이 생긴다. 일상생활에서 자주 사용되는 「습도」는 「상대습도」를 말한다.

상대습도(%) = 공기 중 수증기량(g) ÷ 공기가 포함할 수 있는 수증기량(g)

1입방미터의 공기에 수증기가 14g 있다고 하면, 25℃일 때의 포화수증기량은 23g이므로 상대습도는 14÷23 = 60%가 된다.

공기가 변화하지 않는 (교체되지 않는) 상태에서는 온도가 내려가면 상대습도가 상승하여 결국 결로현상을 일으키게 된다. 가정에서는 기온이 내려가는 새벽에 상대습도가 높아지고, 실내에서 결로가 쉽게 일어난다. 냉난방에 의해 방의 온도차가 발생하고 차가워진 방의 마루 등에도 결로가 발생한다.

3. 기체의 분자운동

온도가 상승한다는 말은 제품·부품의 물질의 온도도 상승한다는 말이다. 따라서 온도가 상승하게 되면 이 물질들을 구성하는 재료분자의 활동이 격해진다. 반대로 온도가 낮아지면 이 물질들을 구성하는 재료분자의 활동이 둔해지게 된다. 그 예로 진공 속에서 산소분자의 온도에 따른 움직임과 속도의 변화를 그림으로 나타냈다.

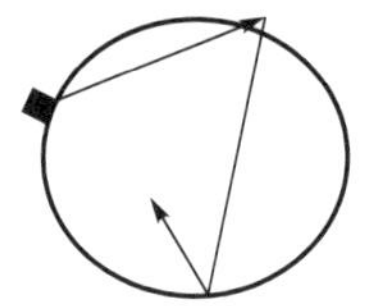

(a) 25℃ 약 440m/s의 속도

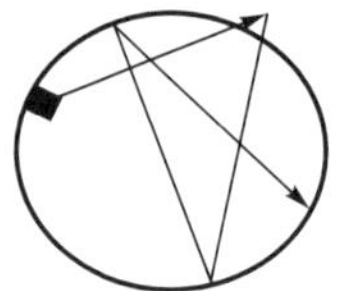

(b) 100℃ 약 490m/s의 속도

● 그림 1-9 산소분자의 활동 변화 ●

온도가 상승하면 산소분자의 활동이 활발해져 25℃에서 440m/s의 속도로 움직이던 산소분자가 100℃에서는 490m/s의 속도로 움직이고, 기체의 온도가 올라가면서 기체분자가 가지는 운동에너지도 커진다. 반대로 온도가 내려가면 분자의 활동은 둔해지고, 극단적인 저온 −273℃ 부근의 온도 영역에서는 분자운동이 거의 정지된다.

4. 기화·팽창

물이 가열되어 수증기(기화)가 되는 현상(액상에서 기상으로의 상전이)의 과정에서 체적의 팽창을 동반한다. 이 기화팽창이 닫혀 있는 계에서 일어나면 온도에 비례하여 계의 내부압력이 증가한다. 내부압력이 개방되면, 예를 들어 0℃ 1기압에서 1cm²의 물이 기화한 경우 1.24리터와 1,240배의 체적으로 팽창한다.

이 기화팽창 현상을 이용하여 많은 기상환경시험들이 실시되고 있다. 프린트기판·몰드 수지 패키지 제품에 환경시험장치를 이용해 시료 내부에 기화팽창을 가하여 제조공정의 불량·재료의 결함에 의한 균열 등의 발생여부에 대한 제품·부품의 신뢰성 평가를 수행하는 방법으로 이용되고 있다.

5. 빙결·팽창

빙결에 의한 체적팽창은 온도 의존성도 적고 변화의 규모도 작아 0℃ 1기압에서 1cm³의 물이 빙결하면 1.09cm³가 되고, 체적은 1.09배가 된다. 물은 수소결합에 의해 물 분자의 집단이 존재하는데 0℃ 이하에서는 물 분자가 움직이지 않게 되어 결정이 된다.

빙결팽창에 대해서 간단히 설명하면 다음과 같다.

액체 상태의 물에는 수소결합한 물 분자의 집단이 존재하고 있다. 온도가 낮아지면 이 물의 열운동이 차분해지고 0℃ 부근에서는 모든 물이 수소결합 상태가 된다. 0℃ 이하에서는 물의 분자운동이 정지하여 결정(結晶)이 된다. 그 결정은 규칙적으로 배열된 결정 모양을 하고 있다. 이 결정 모양은 틈새가 많은 구조로 이루어져 있어 단위 체적이 물보다 커지기 때문에 결과적으로 체적이 팽창하는 것이다.

온도가 상승하여 얼음이 융해되고 물 분자가 운동할 수 있게 되면 틈새 부분에도 분자가 침입할 수 있는데 그 결과 상대적으로 물의 분자밀도가 커지기 때문에 얼음이 물에 뜨게 된다.

2장
복합환경시험의 기초

일본에 환경시험이 일반적으로 보급되는 와중에 강한 영향을 받은 것이 미국 국방성의 「AGREE(Advisory Group on Reliability of Electronic Equipment) 리포트」라는 보고서이다. 신뢰성 평가 방식에 대해 제품이 시장의 다양한 사용 환경(라이프 사이클) 속에서 조우하게 되는 환경 스트레스에 의한 불량 내용을 정량적으로 파악하고, 그 추이의 측정 결과에 따라 결정되는 환경시험방법의 가이드라인이 이 보고서에 규정되어 있다.

이 가이드라인의 내용을 다음과 같이 이해할 수 있다. 시장에서 제품·부품이 실제로 만나는 환경조건을 시뮬레이션 하는 것이 중요한데, 시뮬레이션을 하기 위해서는 시장에서의 고장 내용에 관계된 각종 스트레스 인자를 계측할 필요가 있다. 실제 상황을 충분히 파악한 후에 계측한 스트레스 인자를 시장에서 발생하는 현실적인 고장 상황과 가깝게 조합하여 평가할 수 있다는 것이다. 이런 사고방식은 최근 들어 중요시되기 시작한 시장 고장의 평가와 관련된 시험방법으로 효과를 얻을 수 있다고 생각된다. 기본적으로 복합환경시험의 진행방법도 이와 동일하다. 이런 사고방식과 실시방법 및 평가로부터 얻어지는 효과가 최근의 복합환경시험에 대한 기대로 이어지고 있다고 볼 수 있다.

1. 환경시험의 기준치

환경시험에서 규정하고 있는 환경표준조건에 대해 IEC 규격을 예로 소개한다.

① 표준 기준 대기조건

    온도 : 20℃

    기압 : 101.3kPa(1013mbr)

② 측정 및 시험을 위한 대기조건

온도 : 15~35℃

상대습도 : 25~75(%RH)

기압 : 86~106(kPa)

JIS C 0010-1985에서는 상대습도가 85%RH로 되어 있었지만, 1993년부터 IEC 규격으로 통일되었다.

이들 규격 내용에 대해 복합환경시험과 밀접한 관계가 있는 MIL 규격은 조금 다른데 MIL-STD-810E에는 다음과 같이 규정되어 있다.

③ 시험조건

주위조건의 측정과 점검

온도 : 25℃±10℃

상대습도 : 조정하지 않은 실내 주위조건

대기압 : 측정 지점에서의 기압

④ 조정된 주위조건의 경우

주위조건이 상세히 설정되어 있는 때

온도 : 23℃±2℃

상대습도 : 50%±5%RH

대기압 : 94.45＋66~10.0kPa

실제로 시험할 시험장치의 시험조(槽)의 성능에 대해서는 현재의 IEC 규격에는 확정된 규정이 존재하지 않는다. 다만, 시험장치에 관한 공식적인 일본 국내 규격은 일본시험기공업회(JTM)가 작성한 다음과 같은 공업회 규격이 존재한다.

JTM K 01 항온항습조 - 성능시험방법 및 성능표시방법(1998)

JTM K 03 항온항습실의 성능기준(1992)

JTM K 05 항온항습조의 성능기준(1991)

2. 환경시험의 기초 지식

환경시험을 필요로 하는 제품·부품의 기능과 사용될 시장 환경에 따라 환경시험에 의한 평가 내용이 달라지며 다양한 목적과 결과를 구할 수 있다. 구체적인 예로 가정에서 여름이나 겨울에 한해 사용하는 가전제품의 평가와 자동차 부품의 평가는 그 시험방법이 달라질 수밖에 없다.

가전제품의 경우에는 시험기간 이후 보관 장소에서 사계절의 온도와 습도의 영향을 받으며, 다음 해에 사용할 때 고장이 나지 않게 이동하는 등 최소한의 주의사항이 필요하고 스위치나 히터의 이상(보통, 먼지 등에 의한 쇼트·발열)에 의한 고장이 발생한다.

한편, 자동차 부품의 경우에는 항상 가혹한 환경을 상정하여 평가시험을 수행하며, 그 유지와 보수는 사용자와 판매 딜러와의 관계에 의해 유지되고 있다. 가전제품과 달리 리콜 제도를 자발적으로 준수하여 판매 이후의 불량에 대해서도 충분히 제조업체가 추적 조사하기 때문에 신뢰성과 안전성에 대해 세계적으로 평가가 높다.

(1) 고온환경 (온도 상승을 동반하는 경우)

온도 상승에 의한 열 스트레스는 환경시험 중에서 습도 스트레스와 함께 가장 대표적인 시험이다. 열 스트레스에 의해 제품고장이 발생하면 그 불량 내용은 다음과 같은 일반적 현상들이 대부분이다.

① 온도상승에 의해 재료의 점도가 저하되고, 재료의 연화가 진행되어 실(seal) 기능이 열화되고 구조적 강도에 열화가 나타나 제품의 신뢰성이 저하된다.

② 온도상승에 의해 재료가 팽창하여 불량 발생의 원인이 된다.

③ 온도상승에 의해 재료의 화학반응이 진행되어 재료 속의 증발물에 의해 수지 안의 분해 생성물을 기화시켜 강도열화를 가져오고 다른 제품의 부식을 유발한다.

(2) 열 스트레스에 의해 일어나는 불량

열 스트레스에 의해 일어나는 불량의 경우, 스스로의 발열이나 외부의 열에 의해 제품 내부 구성 부품의 온도상승 등에 기인한 고장이 발생한다.

① 제품을 안전하게 가동할 수 있는 수명이 짧아지는 경우가 발생한다.

② 일반적으로 불량이 발생해 온도가 내려가면 원래 상태로 돌아간다.

③ 장기적으로 혹은 연속적으로 고온에 노출되어 물리적으로 변화를 일으킨 상태와 화학적으로 변화를 일으킨 상태로 고장이 나면 정상적으로 복귀할 수 없게 된다.

④ 제품·부품의 치명적인 고장이 발생한다.

(3) 저온환경(온도강하를 동반하는 경우)

온도가 내려가면 온도상승과는 정반대의 현상이 많이 일어나고 불량 내용은 다음과 같은 현상들이 일반적이다.

① 온도강하로 저온에서 수지의 강도가 현저하게 저하되어 깨지기 쉬워지고 기계적인 스

트레스인 진동·충격에 의해 크랙을 유발해 실(seal) 효과가 떨어지며 구조적 열화와 전기적 특성이 저하된다.

② 온도강하는 재료의 점도를 증가시키고 윤활제의 기능 등을 저하시켜 마찰 등에 의한 기계적인 열화가 빨라진다.

고온에서도 그렇지만, 저온환경 하에서 사용하는 제품·부품에 대해서는 특별히 온도사양이 규정되어 있는 것을 사용해야 한다.

(4) 온도시험장치

온도시험장치에 요구되는 기본적인 조(槽)는 충분하게 온도시험범위로 단열되어 있어야 하고, 기능 면에서는 온도제어가 가능한 히터와 냉각장치, 송풍팬, 시험성능과 조작에 중요한 온도조절 컨트롤러가 필요하다.

기본 구성을 이해할 수 있는 장치도는 그림 2-1과 같다.

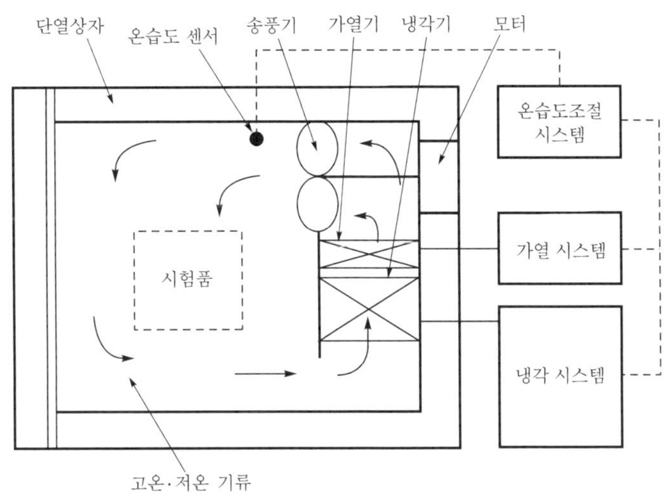

● 그림 2-1 온도시험장치의 기본 구성 ●

(5) 습도시험장치

온도시험장치에 가습장치와 습도조절장치를 추가하면 습도시험이 가능해진다. 그림 2-2에 보이는 공조방식은 직접조습방식으로, 설정된 상대습도보다 낮은 경우에는 가습하고, 높은 경우에는 냉각기로 제습하여 조(槽) 내부의 습도를 조절한다.

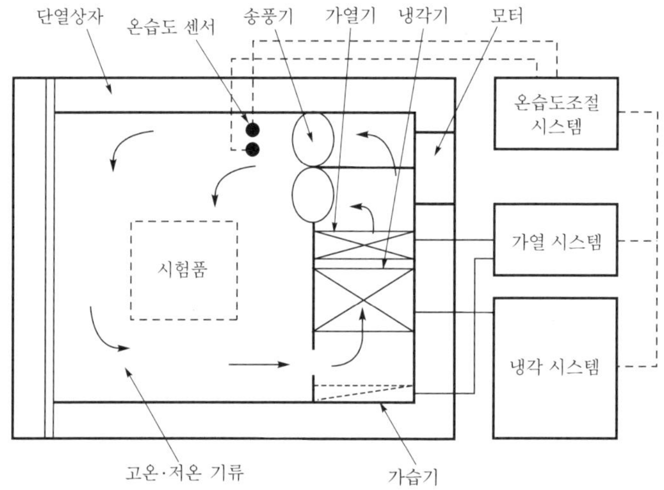

● 그림 2-2 습도시험장치의 기본 구성 (직접조습방식) ●

3. 온도 사이클 시험과 열 충격시험

(1) 시험 순서

환경시험을 실시할 때에는 그 시료(제품·부품)에 대해 어떤 순서로 시험하는지가 중요하다. 시료에 요구하고 있는 결과에 대해 가장 영향이 있다고 생각되는 순서로 실시하는 것이 중요하다.

시험순서를 다음과 같이 정하는 방법을 생각해 볼 수 있다.

① 최초의 시험에서 시료의 불량을 발생시키는 스트레스 요인을 의식적으로 가해서 불량이 발생하기 쉬운 상태로 유도하여 지속적으로 수행하는 시험으로 불량 요인을 확대·촉진시켜 시료를 평가한다.

② 시료의 샘플이 소량일 경우, 준비된 시료 자체가 귀중하므로 시료가 불량이 되는 치명적인 고장이 발생하기 전에 많은 정보를 알아내기 위해 낮은 레벨에서부터 시료에 각종 스트레스를 가하면서 정보를 얻는다.

③ 시료의 내구성·신뢰성을 가능한 한 빨리 알아내고자 할 때에는 처음부터 가장 강한 스트레스를 가한다. 요구하는 악조건에 견뎌내는지에 대한 평가를 얻기 위해 처음부터 혹독한 시험조건을 가하는 것을 우선하여 실시한다.

어느 것으로 하더라도 시험시료 및 시험결과를 얻기 위한 수량과 기한에는 제약이 있고, 어떤 시험순서와 시험내용을 수행할 것인지 잘 판단하는 것이 중요하다.

(2) 부품의 시험

최근의 부품 평가에서는 케이스에 봉입 혹은 몰드 된 기능품에 대해서 온도급변 열 충격시험을 최초로 시행하는 경우가 늘어나고 있다. 이것은 중요한 기능이 봉입된 부분에서 스펙상 충족해야 하는 고온조건과 저온조건에서 기능이 충분히 견뎌내지 못할 경우, 이후의 평가를 계속하는 것은 의미가 없기 때문이다.

① 온도급변시험으로 열 충격시험에서의 봉지재(封止材) 내열평가

② 열 충격시험에서 발생한 결함을 키우는 방법으로 기계적인 스트레스(진동·충격)를 가해 크랙이나 실(seal)의 결함부를 더욱 강조시킨다.

③ 다음으로 온도 습도 사이클 시험에서 온도변화에 따라 발생하는 결함부의 내부와 외부의 온도차에 의한 호흡현상으로 결함부에 수분의 침투가 발생한다. 저온 시의 빙결팽창, 고온에서의 기화 및 밀폐내부 등이 일어나며 시료에 대한 환경시험으로서 현저하게 결함부가 촉진된다.

④ 제품이 사용 상태에서 다량의 습도환경(빗속·목욕탕·사우나)에 노출된 환경을 상정한 정상적인 내습성 습도시험을 장시간에 걸쳐 실시한다.

⑤ 그 밖에 시료가 노출되는 환경을 상정하여 일사시험·부식시험·내화시험·낙하시험 및 전도시험·진동과 충격시험을 실시한다.

(3) 부품시험의 시험 순서

참고로 부품에 대한 환경시험의 순서는 그림 2-3과 같다.

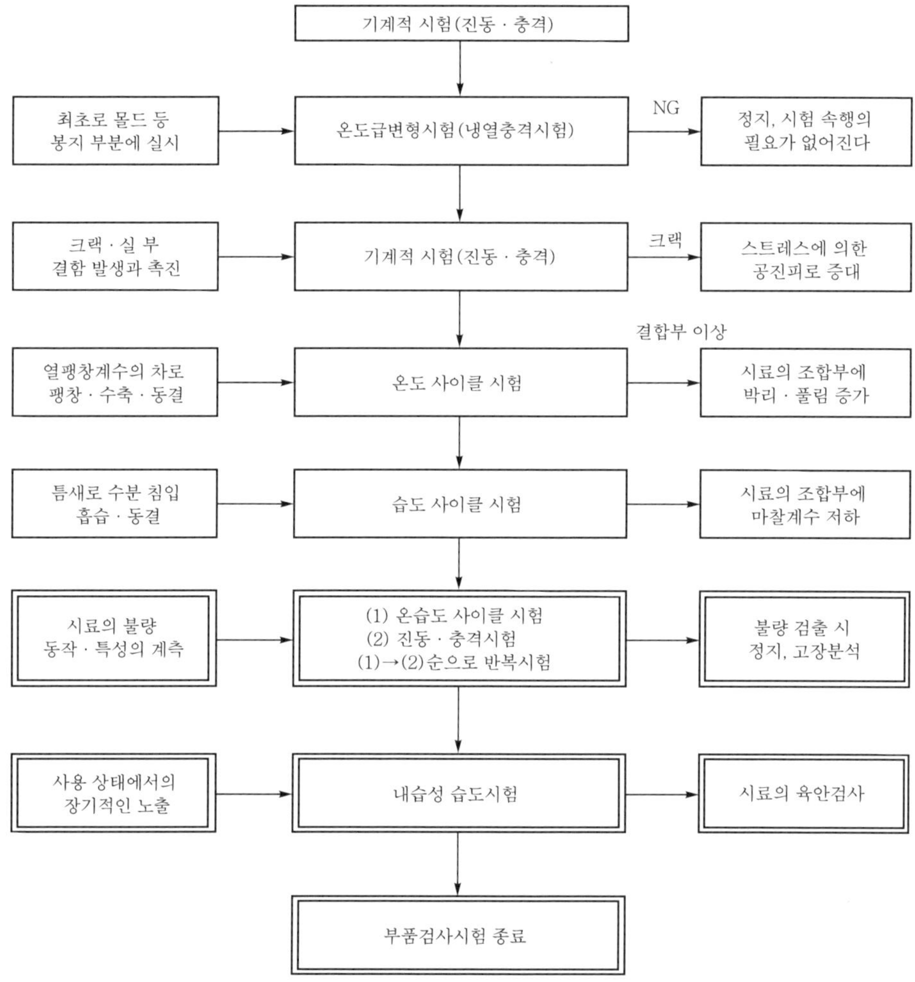

● 그림 2-3 부품에 대한 환경시험의 순서도 ●

(4) 온도 사이클 시험과 열 충격 시험

온도 사이클 시험과 열 충격 시험은 분명하게 구별되어 있지 않다. 이 2가지 시험장치의 차이는 어떠한 열매체를 사용하여 수행하는가에 따라 구별된다고 생각하는 것이 타당하다. 온도 사이클 시험은 열매체로 기체(공기 등)를 사용하고 있고, 열 충격 시험은 열매체로 액체를 사용하고 있다.

열매체가 기체와 액체로 구분될 때, 시료에 대한 열 스트레스가 전달되는 시간적인 빠르기가 다르고, 열전도 효율 면에서 생각해도 열 충격 시험(thermal shock test)이 훨씬 빨리 시료에 열 충격을 가한다. 이런 점에서 열 충격 시험은 시료의 결점, 약점을 의식적으로 찾아내는 불량검출시험으로 생각할 수 있다.

실제 제품·부품의 사용 상태를 고려하면, 다음과 같은 사용 환경을 생각할 수 있다.

시장에서의 하루의 기온변동, 가동 개시·가동 시·운전 정지 시에 온도변화가 발생한다. 시료 자체가 열을 발생하는 특수한 경우를 제외하면 사용 환경의 온도변화는 완만하며 시료의 내부와 외부의 온도차는 비교적 적은 상태로 변해 간다. 시료의 구조적인 형상과 조합에 의해 환경 스트레스가 발생하는데 이 환경 스트레스를 평가하기 위해서 온도 사이클 시험을 실시한다. 따라서 이 시험은 긴 시험기간을 필요로 한다. 환경 스트레스를 강하게 하기 위해서는 온도변화 구배를 크게 하면 된다. 이 부분에서 온도 사이클 시험과 열 충격 시험이 어디에서 구별되는지를 판단하기가 어려워진다.

열 충격 시험에서는 시료의 표면(외부)으로부터 급격한 온도변화를 가하고 내부와 표면의 온도 전도의 차로 온도변화 구배차를 가해 단기간에 열 충격 내성 시험을 실시할 수 있다.

실제로는 시료의 형상·크기·열용량에 따라서 온도 사이클 시험과 열 충격 시험 모두 평가 내용에 의해 장치로서 필요로 하는 크기와 능력이 요구된다.

2-2 복합환경시험의 환경 조건

국내 전자기기 산업 전반이 활기를 띠고 자동차산업·휴대기기·디지털 가전과 판매가 확대되고 있다. 또한 세계화가 진행되면서 각 업계는 신제품 개발과 비용절감 경쟁 속에서 「좀더 확실한 신뢰성과 안전성」을 요구하기에 이르렀다. 여기에는 ISO-14000에 의한 규제강화, 지구환경보호라는 사회적 요구와 고객중시에 대한 기업판단이 있다.

전자기기·부품 단독의 내환경성을 파악하고 있더라도 실제 사용 환경 스트레스 인자의 조합은 아주 다양하므로 실제 사용 상태에서의 신뢰성·안정성의 평가가 중요해지고 있다. 기존의 요구 레벨과는 뭔가 다른 신뢰성 평가방법이 요구되는 상황에서 복수 환경인자의 조합에 의한 복합환경시험의 대표격인 「온도·습도와 진동에 의한 평가시험」의 기초와 효과, 실제에 대해 상세히 설명한다.

1. 복합환경시험의 정의

환경시험을 크게 나누면 온도, 습도와 같은 기상 환경인자를 다루는 기상적 환경시험과 진동, 충격과 같은 기계적 환경인자를 다루는 기계적 환경시험이 있다. 이 환경인자들을 조합하여 실시하는 복합환경시험이 최근에 주목을 받고 있다.

다루게 될 환경인자는 「온도·습도·진동·충격」으로, 복합환경시험의 정의는 「일반적으로 2종류 이상의 상이한 환경인자를 가하는 시험방법」으로 combined test라고도 한다. 환경인자로는 자연환경뿐만 아니라 인공적인 환경인자(유발환경)도 포함해서 고려하며, 2종류 이상의 환경인자가 동시에 가해지거나 시험시간이 경과되면서 차례로 가해지는 경우도 복합환경시험이라고 할 수 있다.

2. 복합환경시험의 환경조건

환경조건에는 1차 환경인 자연환경과 2차 환경인 유발환경이 있다. 자연환경이란 문자 그대로 자연이 만들어 내는 환경으로서 지구상의 위치, 계절, 고도, 낮과 밤에 의해 결정되는 기상환경이 많은데 자연환경 속에서 진동에 관한 현상으로는 지진이나 폭풍우를 생각할 수 있다. 유발환경이란 인공적인 환경으로 제품이나 부품의 수송 또는 사용될 때의 상황과 주위가 발생하는 환경(플랫폼이라고 한다)이 주체가 되며 기계적인 환경이 많다.

자연환경과 유발환경은 그림 2-4와 같다.

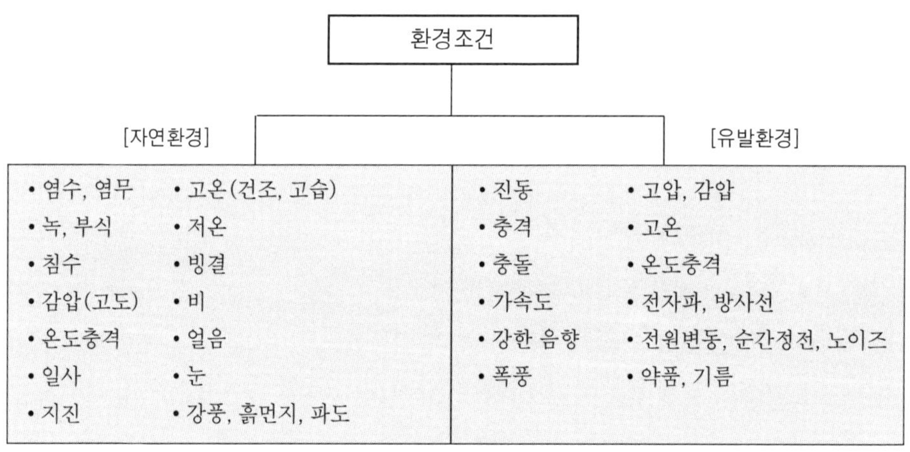

● 그림 2-4 각 환경조건 요소에 대하여 (온도·습도·진동에 한정하지 않음) ●

2-3　복합환경 조건에 의한 영향과 현상

1. 신뢰성시험을 위한 개념

글로벌 사회가 도래함에 따라 시장도 세계적인 규모로 성장했고 국내에 한정되었던 생산도 세계 각지로 넓어졌으며, 기술적인 정보에서부터 재료·부품의 조달에 이르기까지 인터넷을 통한 네트워크의 편의성에 의존하는 새로운 시대를 맞이하게 되었다. 그러므로 기존의 신뢰성에 머무르지 않고 정보·기술·생산의 진보와 확장되는 시장에 대응하기 위한 신뢰성 향상과 유지를 위한 마인드가 필요하다.

신뢰성을 확보하려면 개발 단계에서부터 시장에서의 사용 환경에 대응하기 위해 대표적으로 다음과 같은 사고방식이 필요하다.

① 개발제품에 사용되는 재료·부품이 타깃으로 하는 시장환경에 기본적으로 문제가 없는가?

② 개발제품의 구조·조립에 생산·시장환경에 기본적으로 문제가 없는가?

③ 사용하는 부품·재료·조립구조가 어느 정도의 신뢰성 여유도를 가지고 있는가?(고장률·강도·MTBF·내환경성)

④ 다양한 문제점을 반복 재현하고 고장원인의 규명과 대책결과를 확인하여 시장에서 제품의 담보로 한다.

⑤ 고장은 제품의 특질과 시험조건이 서로 맞물려 발생한다.

⑥ 설계·개발단계에서 깨닫지 못했거나 알지 못해 시장에서 중대한 고장이 발생한다.

⑦ 고장원인에 대한 대책 이후의 검증은 충분히 주의하여 수행한다. 개선작업이 적절하게 실시되지 않을 경우 시장에서 불량이 발생한다.

2. 신뢰성시험 계획

신뢰성시험을 실시할 때 중요한 것은 신뢰성시험에 사용할 사용조건과 환경조건에 대해서 충분히 파악하고 시험계획을 입안하는 것이다. 시험계획을 실행하기 위한 계획서를 작성하려면 우선, 다음과 같은 사항들을 검토하고 절차서를 작성할 필요가 있다.

① 이 시험의 목적

② 시료는 무엇인가?

③ 신뢰성시험의 대상은 무엇인가?

④ 신제품 개발 또는 모델 변경을 위한 것인가?

⑤ 시험에 사용되는 기간

⑥ 시험 스케줄과 절차

⑦ 대상 아이템의 사용·동작·부하조건

⑧ 부가할 환경 스트레스 인자의 조건

⑨ 대상 아이템의 측정·감시내용과 조건

⑩ 시료의 샘플 개수와 제조조건

등이 필요하게 된다.

일반적으로 제품이 시장에 출하되고 나서 발생하는 신뢰성에 대한 많은 문제는 제품에 필요한 재료·부품의 선정에서부터 생산시의 조립·검사에서 시작하여 공장출하 이후의 물류·수송·보관에 이르기까지의 조건과 실제 사용 상태의 다양한 조건에 의해 발생한다.

3. 복합환경 조건에 의한 영향과 현상

주요 제품과 부품에 대한 온도·습도·진동의 단독 시스템의 고장모드와 스트레스 인자가 복합되었을 때의 고장모드에 대해 그림 2-5에 기술하였고, 제품이나 부품에 대한 각종 환경 조건의 영향과 고장 사례를 표 2-1에 정리했다.

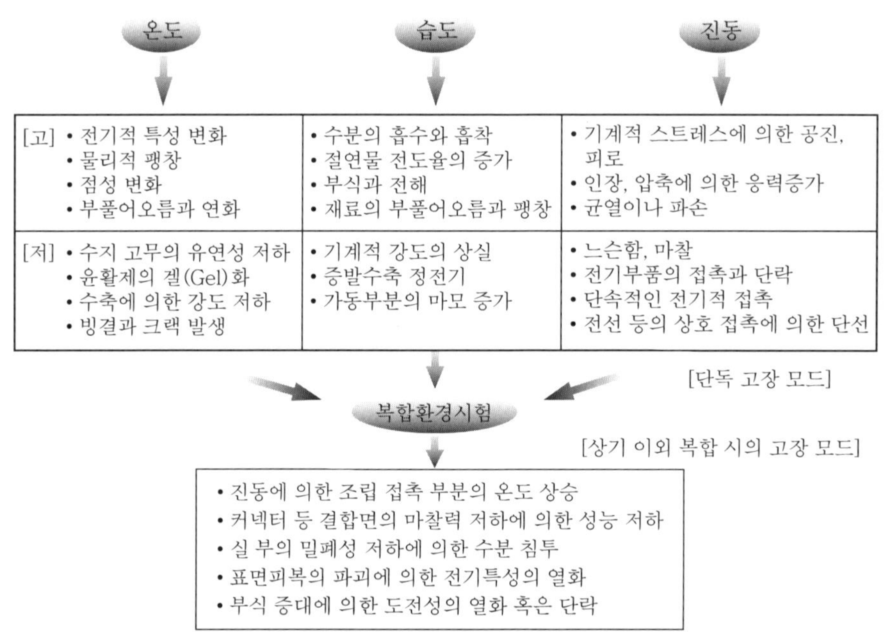

● 그림 2-5 온도·습도·진동의 단독 및 복합 스트레스 시의 고장모드 ●

표 2-1 환경조건의 영향과 고장사례

환경조건	주요 영향과 현상	주요 고장사례	시험장치
고온도	• 전기적 특성의 변화 [저항, 인덕턴스, 커패시턴스 등] • 열적 에이징 [산화, 크랙, 화학반응, 열노화] • 팽창에 의한 구조의 파괴 • 점성변화와 윤활제 증발	• 절연불량 • 기계적 스트레스 증가 • 기계적인 고장 • 윤활열화에 의한 마모 증가 • 표면의 변형과 열화	• 고온시험 • 온도 사이클 시험 • 열 충격 시험 • 저온시험
저온도	• 윤활제의 겔(gel)화 • 수축에 의한 기계적 강도의 상실 • 수지, 고무 유연성 저하와 취약화 • 전기상수 변화와 수축 크랙	• 절연불량 • 표면의 변형과 크랙 • 수축, 윤활의 상실에 의한 운동부분의 마모 증가	
고습도	• 수분의 흡수 또는 흡착 • 절연도의 도전율 증가 • 화학반응(부식, 전해) • 재료의 팽창	• 절연불량 • 물리적 파괴 • 기계적 고장	• 항온시험 • 항습도 사이클 시험 • 내습시험 • 흡습시험
저습도	• 가혹한 저습에 의한 취약화와 입자화 • 증발, 수축, 정전기 • 가동부의 마모 증가	• 전기적 고장 • 기계적 고장 • 물리적 변화	
온도급변 (열 충격)	• 재료에 대한 급격한 팽창과 수축에 의한 크랙 발생 • 온도 충격 • 전기적 특성의 영구변화	• 기계적, 전기적 고장 • 실(seal)의 손상 • 리크와 크래킹	• 열 충격 시험 • 온도 사이클 시험
진동·충격 (가속도와 음향)	• 기계적인 스트레스[공진, 피로, 하중응력의 증가] • 느슨함, 마찰에 의한 기능의 변화	• 기계적 고장 • 운동부의 마모 증가 • 구조물의 붕괴	• 진동 / 충격시험

표 2-1에서 필요로 하는 시험장치는 환경시험장치를 제작 판매하는 몇몇 국내 메이커가 생산하고 있는데, 온도·습도시험 및 냉열 충격시험을 수행하는 장치들은 표준화되어 있다.

진동/충격 부분은 진동기 메이커에서 제작 판매되고 있으며, 이들 환경인자의 대표적인 조합(온도·습도·진동) 복합환경시험장치는 진동기 메이커 및 환경시험장치 메이커에서 제작 판매되고 있다.

복합환경시험의 실시

2부

제3장 진동시험의 실시
제4장 복합환경 신뢰성시험

3장

진동시험의 실시

진동시험의 목적은 설계, 제작된 기기 및 부품이 생산현장에서 분리되어 출하·운반·수송 중에 그리고 실제 시장에서 사용 중에 가해지는 갖가지 환경진동과 스스로 발생하는 진동을 견디어 성능을 발휘하도록 하고 이동 기간 내의 신뢰성을 확인하는 것이다.

1. 진동시험의 개념

진동시험은 시료를 진동발생기의 진동대 또는 치구에 고정하여 필요한 진동시험조건에서 수행하게 되며 다음 두 가지로 크게 구별된다.

① 예기되는 환경진동을 시뮬레이트한 진동을 가한다.
② 임의 레벨의 단일 진동수 또는 진동수를 연속적으로 변화(소인)시키는 정현파나 랜덤 진동을 가한다.

진동의 정확한 측정과 분석은 가능하지만 진동시험의 대상이 되는 기기를 탑재하여 고정하는 설치장소는 다양하여 항상 동일하지 않다. 또한 기기가 소형인 경우가 아니면 장착상태에서의 진동이 균일하지 않고 진동위상도 변화하여 진동이 기기에 전달되는 포인트를 어디에서부터 잡아야 하는지 판단하기 어려운 케이스도 종종 일어난다. 또한 과도한 진동(지진·차량의 충돌·휴대기기의 낙하·로켓의 발사)에 대한 응답을 조사할 목적으로 파형 자체를 검토하고 진동시험을 수행할 필요도 있다.

- 정현파 진동

가장 단순한 주기진동으로 최대값과 주기가 정해지면 모든 것이 결정된다.

- **랜덤진동**

  주기성이 없으며 파형을 시간축 상에 수식화가 불가능한 것으로, 일반적으로 그 진폭
  은 확률밀도함수가 정규분포에 가깝다.

- **쇼크 진동**

  낙하 또는 충돌, 주행 시 턱을 넘는 등의 충격파.

- **임의파 진동**

  지진파, 주행 시 노면 요철에 의해 받는 실진동파.

최근 들어 IEC의 시험규격보다 새로운 시험방법이 JIS 규격화되었다. 사인비트 진동시험
방법(C0056)이 그것으로, 이 시험은 공시품의 기계적 약점 또는 특정 성능의 열화를 판정하
는 것과 제품규격과 함께 그 판정정보를 이용하여 공시품의 합격·불합격을 판단하는 것을
목적으로 한다. 또한 공시품의 기계적인 견고성의 실증 및 운동 특성의 조사에도 사용할 수
있다.

2. 진동시험의 목적

그 목적을 카테고리별로 분류하면 아래와 같다.

① 재료 및 부재(部材)의 반복진동 부하에 의한 피로에 관한 데이터를 얻는다.
② 신제품 개발과 기존제품 개량에 필요한 기계 역학적인 데이터를 얻는다.
③ 개발, 시험 제작된 기기가 당초 의도대로 예상되는 다양한 환경진동을 견디고 소정의
   성능을 가지는지 평가한다.
④ 개발, 시험 제작된 기기가 재료 및 부재와 부품에 결함이 없는지 확인한다.
⑤ 출하·운반·수송을 위한 수송포장이 충분히 견디는지 평가한다.
⑥ 파손부위가 있는지 확인한다.

이들의 시험평가의 대상이 되는 것은 우주항공기기·차량·선박 등 진동환경에 노출되는 제
품에서부터 생활기기(휴대기기·사무기기)나 화장품·식료품·식품가공물, 농산물에까지 이른
다. 이들 이외에 이동수단의 진동과 공해진동도 인체의 감각측정 같은 생리현상에 관한 것에
서부터 분체(粉體)의 충전(充塡)·액체의 교반(攪拌, agitation) 등으로 극히 다양하여, 앞으로
도 새로운 목적 및 제품·부품이 미세해짐에 따라 미진동(微振動)을 포함한 평가가 필요하게
된다.

3. 신뢰성시험으로서의 유의사항

진동시험에서의 신뢰성시험(Reliability Evaluation Method)에 대해 생각해본다. 일반적으로 REM으로서 고장률 가속을 목적으로 하는 신뢰성 적합시험과는 달리, 진동시험목적의 항에서 카테고리별로 분류한 내용과 같이 목적내용에 따라 상당히 달라진다. 진동시험이 중요한 위치를 차지하고 있는 자동차 업계에서는 오래전부터 각종 기계적 부하시험으로 채용되고 있다.

최근에는 특히 전자기기가 여러 분야에 채용되어 단순한 카 일렉트로닉스화로 불리던 시대에서 엔진제어·자동운전·운전정보·구동방식의 전기화·연료전지 등과 같이 움직이는 고도의 정밀 디지털 CPU 정보처리 차량으로 발전하고 있다. 이들 전기·전자기기는 단순한 정보제공 기기에서부터 소중한 인명에 관련된 초 고난도의 고장률 제로가 요구되는 제품·부품에 이르기까지 많이 사용되고 있고, 채용되는 기종 및 장착되는 장소별로 고도의 시험이 부과되고 있다.

개발, 시험 제작된 기기가 처음 의도대로 예상되는 각종 환경진동에 견디고 소정의 성능을 발휘하는지 평가를 실시하여 확인하고, 라이프 사이클 속에서 노출될 기계 환경에서 신뢰성을 확보하게 된다. 개발, 시험 제작된 기기가 재료 및 부재에 결함이 없음을 확인하는 것은 가장 먼저 해야 할 신뢰성시험이라고 할 수 있다.

요즘과 같이 글로벌화된 자동차 업계에서는 이들 엄격한 시험에 세계 각지로부터의 조달과 생산이전에 따른 생산조건도 더해졌다고 할 수 있다.

● 3-2 진동시험장치

진동을 발생시키고 그 진동이 다른 구조물이나 장치에 전달되도록 특별히 설계된 기계. 진동발생장치는 그 조작에 필요한 주변장치. 진동발생기에는 전동형 진동발생기와 유압진동발생기가 있다. 전동형 진동발생기(electro dynamic vibration generator)는 직류자계와 직교하도록 동심원 상의 공간에 매달린 구동코일에 구동전류가 흐르면, 플레밍의 왼손법칙에 따라 여진력이 발생하고 구동코일부와 결합된 가동부에 의해 가진력을 발생시킨다. 여진력은 구동코일로 흐르는 전기 출력에 의해 제어된다. 유압진동발생기(hydraulic vibration generator)는 파일럿 스테이지에 의해 구동신호가 기름의 흐름으로 변환되어 유압의 유량을 이용하고 액추에이터의 피스톤 운동에 의해 가진력을 발생시킨다. 여진력은 유량의 제어로 수행한다. 기계식 진동발생기(mechanical direct drive vibration generator)는 불평형 중추를 회전시켜 그 원심력에 의해 여진하는 방식으로 진동정현파에 한정된다. 회전수의 제곱과 불평형 모멘트에 비례하여 여진력은 증대한다. 강음향 진동발생기(acoustic power vibration)는 시험체를 반향실 또는 진행파관에 설치하고 펌프로부터 가해지는 공기의 흐름이 동전기구로 여진되어 공기의 압력변동에 의해 시험체를 여진한다.

1. 전동형 진동발생기의 구조

(1) 시스템 블록(그림 3-1)에 의한 개략설명

① 진동제어장치 내 신호발생기에서 나온 출력신호가 전력증폭기에서 증폭되고 구동코일에는 신호출력에 비례하는 전류가 흘러 가동부가 진동한다.

② 여자코일에는 삼상 상용전원으로부터 트랜스를 거쳐 전압을 낮춘 직류 여자전원이 공급되고 공극에는 높은 자속이 발생한다.

③ 진동대 또는 시료에 장착된 진동검출 센서(픽업)에 의해 진동대의 진동이 전기신호로 변환되어 제어기(컨트롤러)에 입력된다. 이 때 입력된 값이 설정된 진동 값인지 아닌지를 제어기 내에서 실시간으로 비교하여 전자증폭기로 가는 출력을 제어한다. 이 개념은 사인/랜덤/쇼크 등의 진동 재현에서는 기본적으로 변하지 않는다.

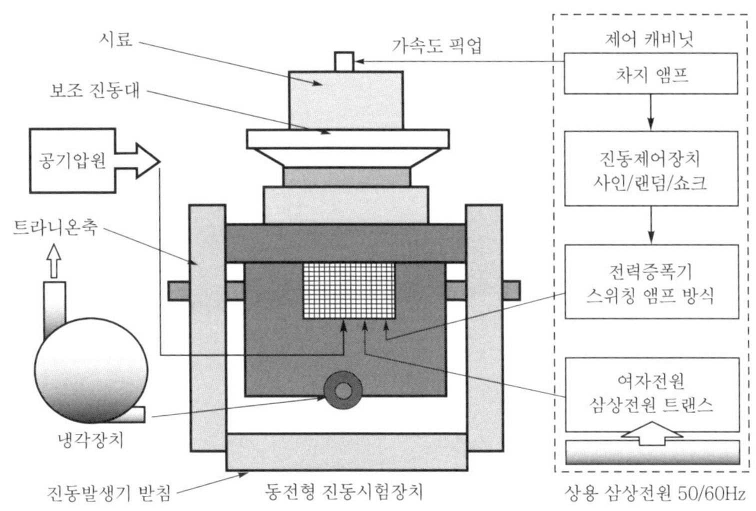

● 그림 3-1 전동형 진동발생기 시스템 설명 ●

(2) 전동형 진동발생기의 구조에 대하여

전동형 진동발생기(그림 3-2)의 동작원리를 살펴보면, 원통구조의 공극에 감긴 여자코일에 직류인 대전류를 흘려보냄으로써 높은 자속밀도를 얻을 수 있고, 이 원통공극 안에 가진력을 발생하는 구동코일이 장착된 가동부가 상·하부 축수에 의해 진동방향의 중심에 지지되어 있다. 구동코일로 전력증폭기에서 증폭된 진동신호가 흐르게 되면, 그 진동주파수와 크기에 비례하는 가진력이 발생하고 진동대는 정해진 진동방향으로 진동한다.

아래는 주요 구조부에 대한 설명이다.

- **구동코일(가동부)**

  가동부 기구는 구동코일(동선에 의한 권선)과 마그네슘 합금 등의 주물로 만들어진다. 가동부 상면 진동테이블의 시료 장착에는 티타늄 또는 스테인리스 보강 부시가 사용되고 테이블 면에 매입되어 있다.

- **진동대 축수기구**

  가동부 상면 외측과 하부 내측에서 횡방향의 진동(횡편심 모멘트)에 강하고 높은 강성과 내구성을 가진 축수 및 유지보수의 용이성을 요구하는 각 회사의 독자적인 방식이 채용되고 있으며 그 구조는 진동기의 성능과 가진력에 따라 다르다.

- **자기회로**

  자기회로는 상하 2조의 여자코일로 권선은 구리선이 사용되고 코일의 요크는 일반적으로 카본이 적고 자계가 통과하기 쉬운 금속 주물이 채용되고 있다. 발열의 냉각은 구동코일 측이 되는 안쪽을 공랭방식으로 냉각한다. 대형기의 경우 구동코일 모두 코일권선 내의 공동(空洞)에 압력을 가진 냉각수를 순환시켜 발열을 냉각한다.

- **진동대 중립 지지기구**

  진동대에 장착된 부하중량에 의해, 축수의 수직 방향의 스프링 상수에 따라 중립위치가 변한다. 중립위치 검출 센서로 중립위치를 검출하고, 공기스프링(air spring)의 압력을 조절하여 항상 중립위치를 유지하며 진동기의 변위가 성능범위가 되도록 제어한다.

  미세한 세부조정은 전류증폭기에서 구동코일로 직류를 흘려서 수행한다.

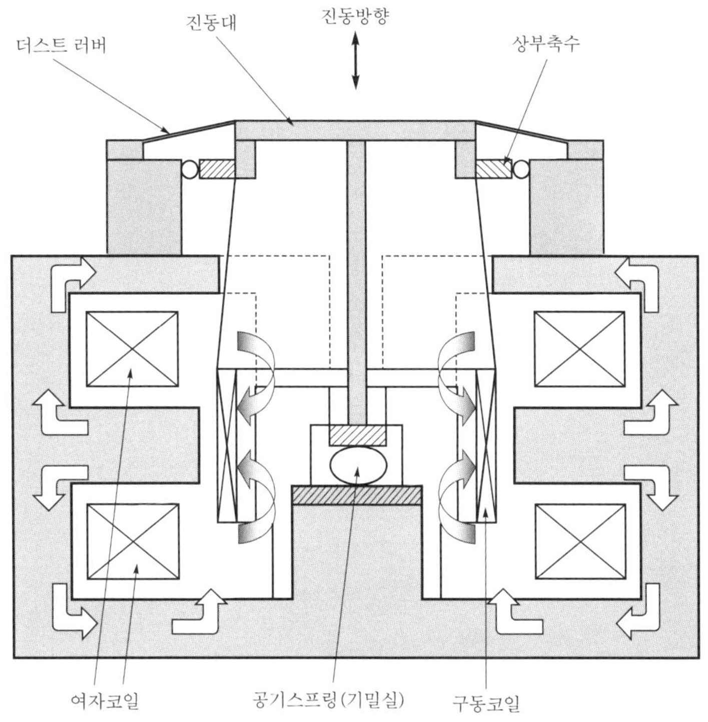

● 그림 3-2 전동형 진동발생기의 구조 ●

2. 전동형 진동발생기의 동작

(1) 자계 내의 전류에 작용하는 힘(플레밍의 왼손 법칙)

전동형 진동발생기가 진동을 발생하는 원리에 대해서 간단히 그림 3-3에서 설명한다.

기호는 각각 [인지] B : (Weber/m) 자속밀도, [중지] I : (Amper 도체에 흐르는 전류, [엄지] 기전력 : F(뉴튼)＝B×I(N/m) 단위 길이이다.

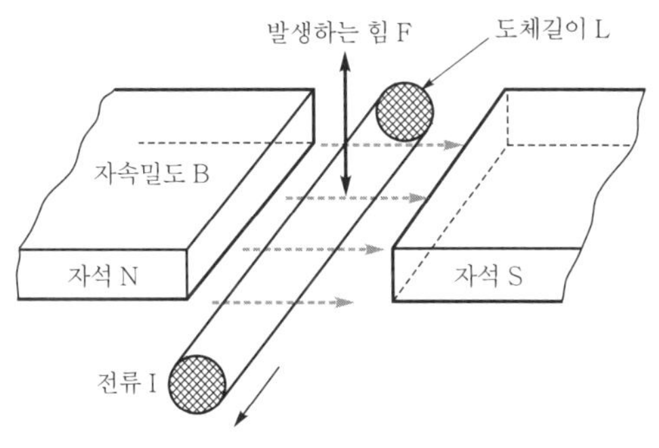

일반적인 음향 스피커와 같은 동작 원리로 진동을 발생한다. 자계 속의 도체에 전류를 흘리면 힘 즉, 기전력이 발생한다. 이것이 동전형 진동기의 동작원리이다.

● 그림 3-3 플레밍의 왼손 법칙 ●

다음으로 실제 모델 그림 3-4를 상정하여 가진력을 산출해본다. 가진력 10kN 기종에서 각 항목에 대해 상정 수치를 대입한다.

$$B = 16,000\text{Gauss} = 1.6\text{Wb/m}^2$$
$$R = 130\text{mm} \qquad N = 74\text{turn} \qquad I = 100\text{A}$$

이 때의 가진력은 다음과 같은 식으로 산출한다.

$$F = 2\pi \times 0.13(\text{m}) \times 74(\text{turn}) \times 1.6(\text{Wb/m}^2) \times 100(\text{A}) = 9666.1\text{N}$$
$$\fallingdotseq 967\text{kgf}(9.67\text{kN})$$

10kN의 가진력에 대해 상당한 정밀도로 가진력의 계산 값을 도출할 수 있다.

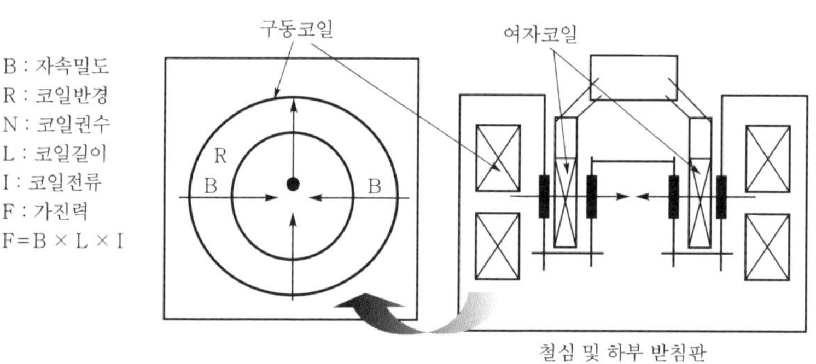

● 그림 3-4 실제 모델을 상정하여 계산 ●

(2) 전자유도(플레밍의 오른손 법칙)

자계 중에 닫힌 도체의 링이 존재할 때, 그 움직임에 반하여 역기전력이 발생하며 전동형 진동발생기의 속도 영역에 영향을 미친다. 이것을 그림 3-5에 나타냈다.

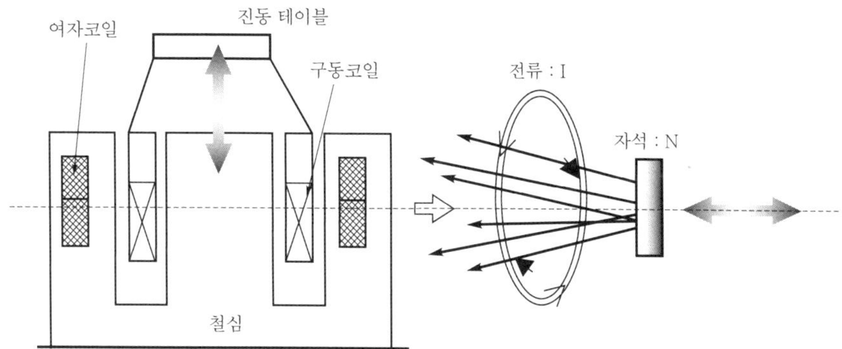

그림 3-5 역기전력이 발생하는 플레밍의 오른손 법칙

그림 3-5와 같이 자계 내의 자속이 일정 시간 내에 변화할 때, 그 자계 내의 자속과 교차하는 도체코일(닫힌 선륜 coil)에는 기전력이 발생하여 전류가 흐른다. 전류가 발생하는 극성은 변화하는 자속을 지우는 방향으로 발생하여 흐른다.

도체 코일의 중심에서부터 자석이 멀어지게 되면 자속이 감소하기 때문에 자속을 증가시키는 방향으로 기전력이 발생해 전류가 흘러 자속이 감소하는 것을 막으려고 한다.

이것은 발전기의 원리와 동일하며 와전류(비접촉 변위계 센서)와 진동발생기의 속도 영역에 의해 영향 받기 쉬운 역기전력이 발생하는 현상이다.

그림 3-6 모델에서 역기전력에 대해서 간단한 계산을 한다.

자계 중의 자속 B (Wb/m^2) 속에서 도선의 길이 L(m)이 자속 B의 방향과 직각방향으로 속도 V(m/s)로 운동할 때 도선의 양끝(X-Y간)에 발생하는 전압은 $E_{X-Y} = BLV$가 된다.

진동발생기 가진력 10kN의 상정치[B = 1.6Wb/m, L = 60.4m]로부터 2개의 최대속도 사양에 대해 역기전력을 산출한다.

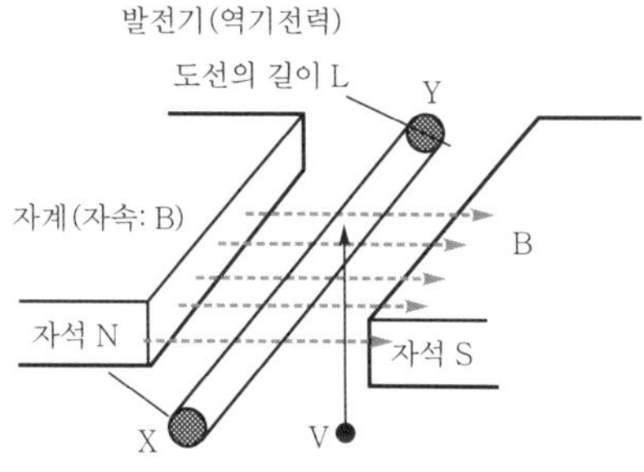

● 그림 3-6 역기전력 발생의 설명 ●

일반적인 최대속도(V) 1.4m/s와 특징인 최대변위 $51mm_{p-p}$를 살려, 저진동수 시험영역을 확대한 최대속도(V) 2.0 m/s에 대해 비교한다.

$$E_{1.4} = 1.6 \times 60.4 \times 1.4 \fallingdotseq 135.2$$
$$E_{2.0} = 1.6 \times 60.4 \times 2.0 \fallingdotseq 193.3$$

약 1.43배의 역기전력이 발생한다.

진동발생기의 최대속도 조건에서 1.43배의 역기전력(전압이 발전)이 발생하고, 전력증폭기는 이 값을 상회하는 전압으로 구동코일을 구동해야만 한다. 최대속도가 큰 진동시험장치는 전력증폭기에 대한 의존도가 높다. 일반적인 진동기의 전원용량에서 2m/s를 달성하기 위해서는 자기회로효율을 상당히 올릴 필요가 있다.

(3) 진동발생기의 진동특성

다른 중량의 물체(시료품)가 동일한 진동을 일으키게 하기 위해서는 서로 다른 힘(가진력)이 필요하다. 예를 들면 속이 빈 드럼통을 흔드는 것은 간단하지만 속에 석유가 가득 찬 드럼통을 흔들기 위해서는 상당한 힘이 필요하다. 진동시험 능력에 대해서도 이와 같이 말할 수 있다.

중량이 다른 시료에 진동을 가하기 위해서는 가진력을 제어할 필요가 있고, 시료의 진동특성도 각각 변하며 진동발생기의 진동특성도 각 기종(가진력별)에 따라 변한다. 이것은 스테레오 스피커가 음역별로 준비되어 3·4way 조합 BOX로 만들어 제품화되는 것과 같은 이유이다. 여기에서는 간단히 전동형 진동발생기의 특성에 대해 설명하고, 상세한 것은 진동시험 제어항목에서 다루기로 한다.

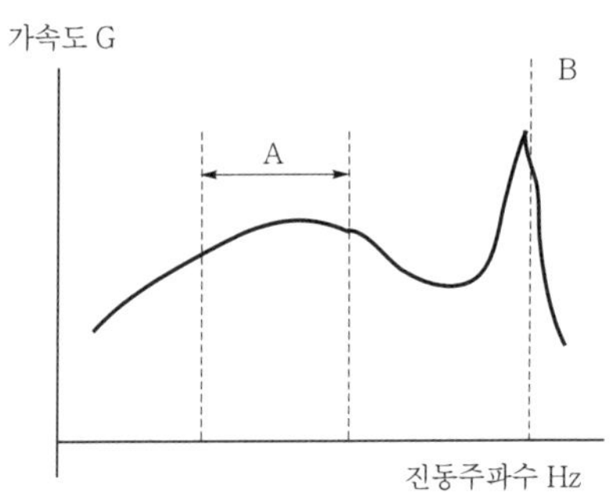

● 그림 3-7 전동형 진동발생기의 진동특성 ●

진동시험에서 가속도 일정으로 진동주파수를 소인할 경우, 시료와 진동발생기의 주파수 특성을 보정하여 소위 자동제어로 시시각각의 신호출력을 진동제어기에 의해 제어한다.

전동형 진동발생기의 진동특성은 그림 3-7과 같은 특성을 가지고 있다. [A]는 일반적으로 100~300Hz의 주파수 대역에 존재하고, 이것은 전자 결합된 전기-기계계의 완만한 공진(일렉트로 레조넌스)이다.

[B]는 2~10kHz에 존재하는 가동부의 공진, 소위 축공진으로 여기까지가 진동발생기의 상한 진동주파수 범위로 여겨진다.

실제로 시료가 가동부에 추가되면 그림 3-8과 같이 변화하는 것이 일반적이다.

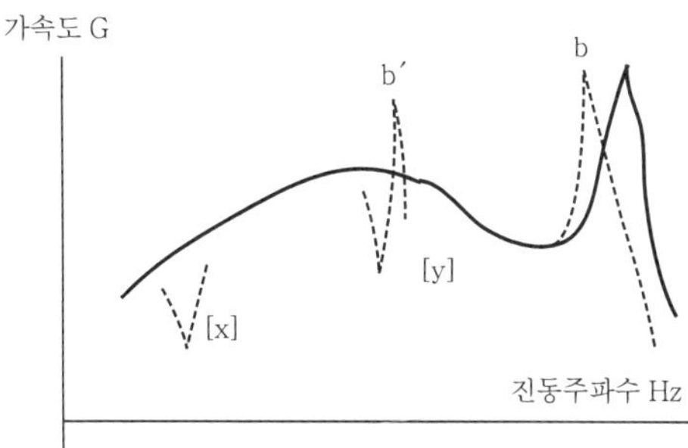

● 그림 3-8 시료가 추가될 때의 변화 ●

3. 복합환경 시험을 위한 연결방식

전동형 진동발생기와 환경시험조의 연결축 방식을 그림 3-9에 나타냈다.

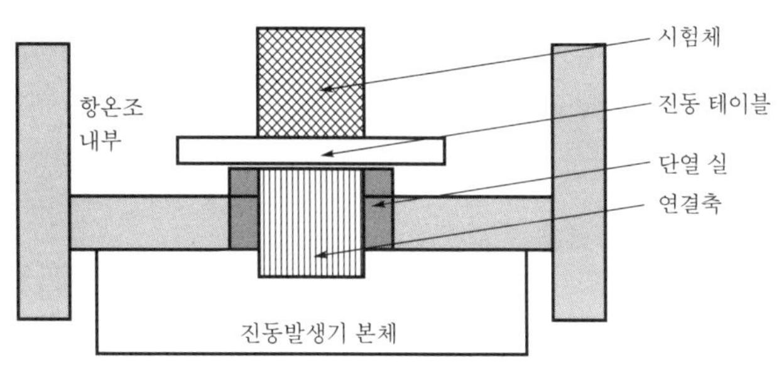

● 그림 3-9 복합환경시험 연결축 방식 ●

● 장점

① 진동발생기에 조(槽)내의 온도 영향이 적다.

② 시료에 진동기 발열의 영향이 적다.

- 단점
  ① 연결축 중량이 부하중량으로 증가한다.
  ② 연결축에 의해 상한진동수가 제한된다.
  ③ 진동기 단체(單體)와 다른 진동이 일어난다.
  ④ 진동하는 부분의 실(seal)이 완전하지 않다.

다음으로 그림 3-10은 전동형 진동발생기와 환경시험조의 조저(槽底) 직결방식을 나타낸 것이다.

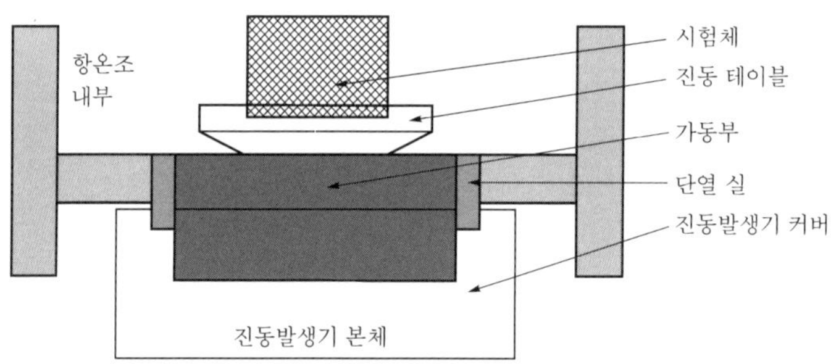

● 그림 3-10 복합환경시험 조저 직결방식 ●

- 장점
  ① 상한진동수는 진동발생기기의 특성으로 정해진다(진동테이블의 특성은 제외한다).
  ② 진동발생기 본체로 단열 실(seal)을 하기 때문에 진동하는 변위·속도가 커도 실(seal) 특성이 변하지 않는다.
  ③ 조(槽)내와 진동기 단체에서의 시험과 다른 진동은 발생하지 않는다.
- 단점
  ① 진동발생기 본체 내에 미치는 조(槽)내의 온도영향이 있어 단열 또는 외기 순환이 필요하다.
  ② 시료의 테이블 장착면에 진동기의 발열이 전달되기 쉽다.

3-3   진동시험의 제어

전동형 진동발생기 고유의 진동특성과 부하되는 시료에 의한 진동특성의 변화로부터 어떻게 진동제어를 수행하는가에 대해, 다음과 같은 단순한 가속도 일정 진동시험에서 진동주파수를 소인하는 시험패턴에 의해 진동특성을 가진 시료가 장착된 진동시험에 대해서, 일정가속도로 제어하는 방법을 특성도 그림 3-11에서 설명한다.

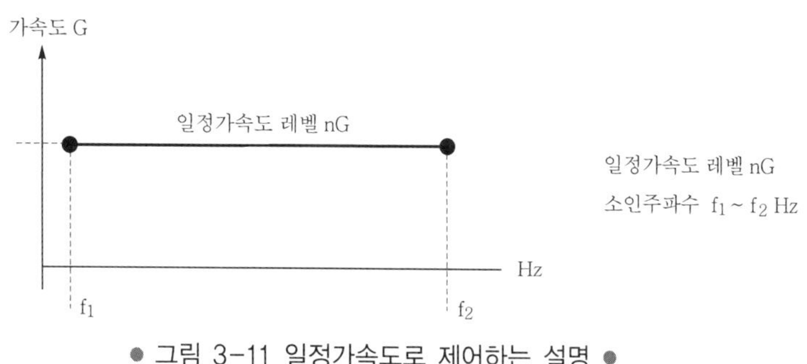

● 그림 3-11 일정가속도로 제어하는 설명 ●

다음으로 진동특성의 변화에 대해서 부가된 진동시험제어(가속도 일정)를 제어기가 어떻게 수행하는지 그림 3-12, 3-13에서 소개한다.

그림 3-12는 시료와 진동발생기의 진동특성을 나타낸다. G1을 어떤 기준레벨이라고 한다면, G1 레벨 이상은 진동효율이 좋지만 그 이하는 진동하기 어렵다는 말이 된다.

그림 3-13은 세로축이 제어기 출력을 나타낸다. 따라서 전력증폭기의 출력도 이와 같은 레벨이 되고, 그림 3-12의 역특성으로 제어되어 일정제어가속도가 된다.

이와 같이 정현파시험에서는 진동시험기의 진동제어를 수행한다.

랜덤파 진동제어, 쇼크파 진동, 지진 혹은 차량 주행 시의 실파형 진동의 재현에 대해서도 기본적인 개념은 동일하다.

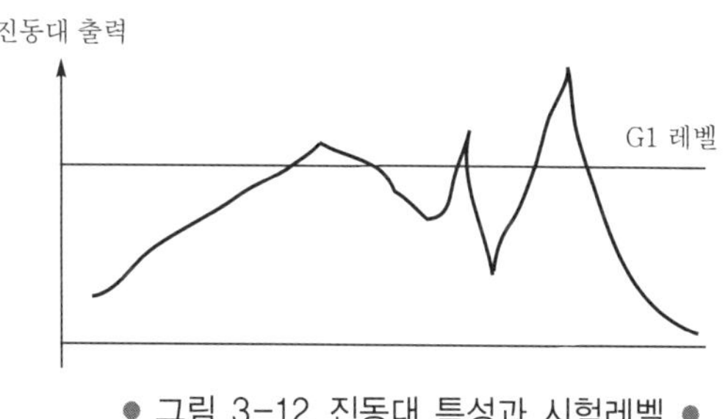

● 그림 3-12 진동대 특성과 시험레벨 ●

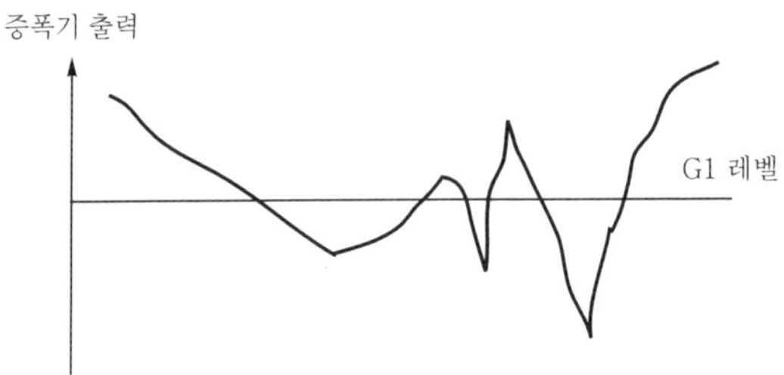

● 그림 3-13 진동대 역특성으로 제어된 레벨 ●

1. 전동형 진동발생기의 진동특성

(1) 전동형 진동발생기의 정전압 특성에 대하여

대표적인 가진력 10kN(1020kgf) 진동기의 정전압 특성을 그림 3-14에 나타내고 진동특성을 설명한다. 정전압 특성이란 인간에 비유하면 심전도와 같은 것으로 진동발생기 자체의 주파수 특성을 나타내고 있으며 구동코일·축수 등 진동발생에 관한 부분에 이상이 발생하면 (사람의 심장이나 장기에 이상이 발생하면 심전도가 변화하듯이) 변화한다.

이 정전압 특성의 계측은 진동제어기의 제어 기능을 사용하지 않은 채 계측하고자 하는 진동특성 주파수 범위를 일정 입력전압으로 주파수를 서서히 이동하여 가동부 가속도 값을 계측하면, 결과적으로 그림 3-14와 같은 정전압 진동특성을 데이터로부터 얻을 수 있다.

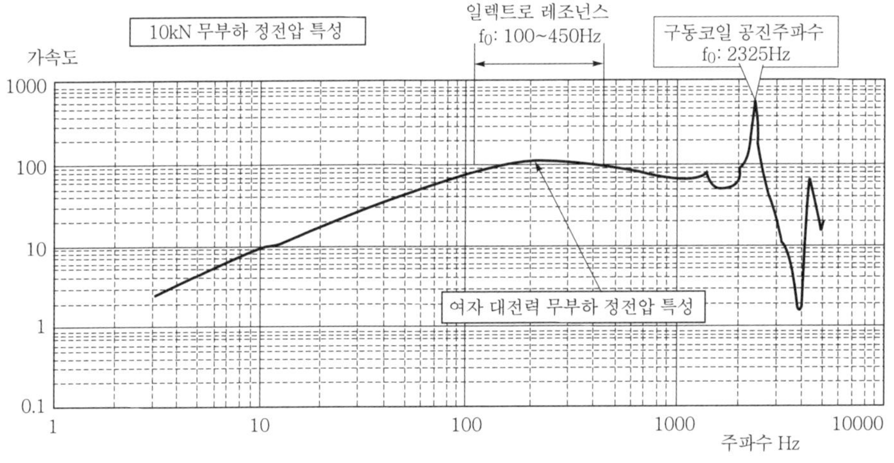

● 그림 3-14 가진력 10kN(1020kgf) 진동기의 정전압 특성 ●

보통 100~300Hz에 전자(電磁)결합된 전기-기계계의 완만한 공진(일렉트로 레조넌스)이 있고, 2000Hz 이상에서 가동부의 구동코일축의 공진이 발생하며 가속도는 극대화된다. 계측 시의 입력전압은 코일 축공진 시에 최대가 되는 가속도 값으로 사용하는 가속도 계측 진동계의 다이내믹 범위 내에 있어야 한다.

일반적으로 진동기의 상한진동수는 이 값이 되지만, 이 축공진은 시료(치구 포함)가 더해져서 가동부의 중량이 무거워지면 낮은 주파수로 이동한다. 원래 가지고 있는 진동기의 진동특성은 부하(負荷)되는 시료 및 치구의 진동특성에 의해 크게 영향을 받아 변화한다. 이 영향도를 파악하면서 진동시험을 수행하는 것은 매우 중요하고, 시험을 진행하는 데 중요한 지식으로 인식되고 있기 때문에 이 점에 대해서 다음 항에서 계측된 데이터를 바탕으로 좀더 설명하고자 한다.

(2) 무부하 시와 유부하 시의 진동특성 변화에 대하여

(1) 항에서 설명한 10kN 진동기에서 무부하 시와 500각(角) 범용보조테이블 부하를 장착했을 때의 정전압 특성을 그림 3-15에 나타내고, 이 그림을 바탕으로 부하 시의 정전압 특성 변화에 대해서 설명한다.

무부하 정전압 특성은 그림 3-14와 동일하지만, 500각 범용보조테이블(중량 14kg)을 추가하면 부하 시의 정전압 특성이 된다. 같은 입력전압에 대해 부하중량이 증가하기 때문에 세로축인 가속도 레벨이 내려가는 것은 당연하지만, 보조테이블의 일차공진 f_0의 1/3 주파수(약 260Hz) 이상부터 보조테이블의 공진의 영향을 받아 진동발생기 가동부와 보조테이블이 각각의 진동주파수에서 같은 위상으로 진동하지 않고 리액션이 발생하는데 그 영향에 의해 서서히 정전압 특성이 변화한다.

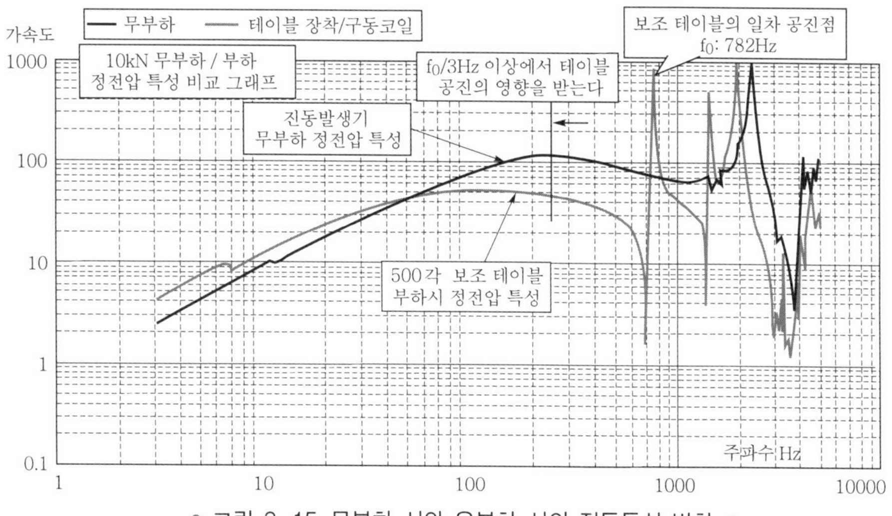

● 그림 3-15 무부하 시와 유부하 시의 진동특성 변화 ●

이 현상은 치구 및 시료가 더해졌을 때에도 동일하게 재현된다. 이들 부하되는 구조물의 진동특성에 의해 치구 및 시료의 공진점보다 앞의 주파수에서 영향이 일어난다는 것을 이해하는 것이 중요하다.

또한, 공진점 근처 이상의 주파수에서의 시험은 정전압 특성인 세로축 레벨이 내려가서 가진력도 크게 필요해지고 시험제어도 곤란하게 된다. 이렇게 진동기에 부하되는 시료와 치구의 진동특성이 진동기와 동일한 위상에서 진동하지 않는 위상차가 발생하면 진동기의 사양 능력에 변화가 일어난다는 점을 인식하는 것이 중요하다.

(3) 보조테이블의 진동특성과 진동시험방법(진동제어점 포함) 정리

(2) 항에서 설명한 10kN 진동기에 범용보조테이블(500각)을 장착한 상태에서 보조테이블의 중심과 코너부의 진동특성의 변화를 그림 3-16에서 설명한다.

테이블 센터의 진동특성은 그림 3-15와 동일한 데이터로 동시에 계측한 코너부의 진동특성을 같은 그림 상에 표시하여 특성의 차이가 주파수축 상에 있어서 세로축 가속도 값의 변화에 의해 테이블 센터와 코너에서 변하는 것이 명확해진다.

약 170Hz 이상에서 센터와 코너의 진동값이 변화되기 시작하는데 코너부는 552Hz의 공진점을 향해 진동이 증대하고, 센터부는 782Hz의 공진 바로 전의 반공진을 향해 진동이 감쇠하고 있다. 이것은 구동코일부(테이블 센터도 동일)를 진동을 일정하게 하는 제어점으로 했을 때, 코너부는 서서히 구동코일부보다 진동이 커지고, 한편으로 일정제어하기 위한 가진력은 보조테이블의 반동으로 증대한다. 반대로 코너부를 제어점으로 하여 일정제어를 하면 552Hz 전의 반공진에서 가진력이 일시적으로 증가하지만, 센터부의 공진점까지는 오히려 가진력이 적어서 쉽게 제어할 수 있다. 그러나 센터부의 진동 값은 제어 가속도보다 상당히 작아진다. 정리하면,

① 복수의 시료를 시험할 때 보조테이블과 치구의 진동특성 영향에 주의할 필요가 있다.
② 부드럽고 큰 시료의 진동시험에도 진동특성 영향이 있다.
③ 진동시험기의 가진력에 보조테이블과 치구 및 시료의 진동특성 영향이 있다.
④ 정격운전 시의 소요전력과 구동전력의 관계에 대해서는 다음에 별도의 데이터로 설명한다.

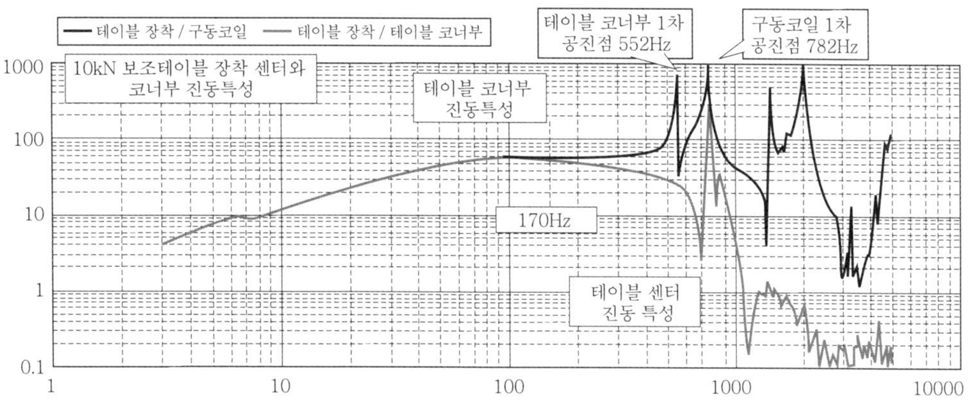

● 그림 3-16 보조테이블의 진동특성과 진동시험 방법 정리 ●

(4) 정격운전 시의 소요전력과 구동전력의 관계

진동발생기 정격운전 시의 소요전력 데이터를 발생하는 전자현상을 이해하기 위해 첨부한다. 10kN의 무부하 최대 능력 운전 시의 변위·속도·가속도 최대 능력 운전 시의 일정간격 주파수의 구동전력과 전압·전류 및 소요피상전력을 계측하여 그림 3-17에 나타내고 설명한다. 가로축 1~3은 최대 변위(51mm$_{p-p}$), 3~4는 최대 속도(2m/s), 4~14는 최대 가속도의 영역으로 생각할 수 있다. 세로축은 전력량에 관련하여 %로 표시하고 있다.

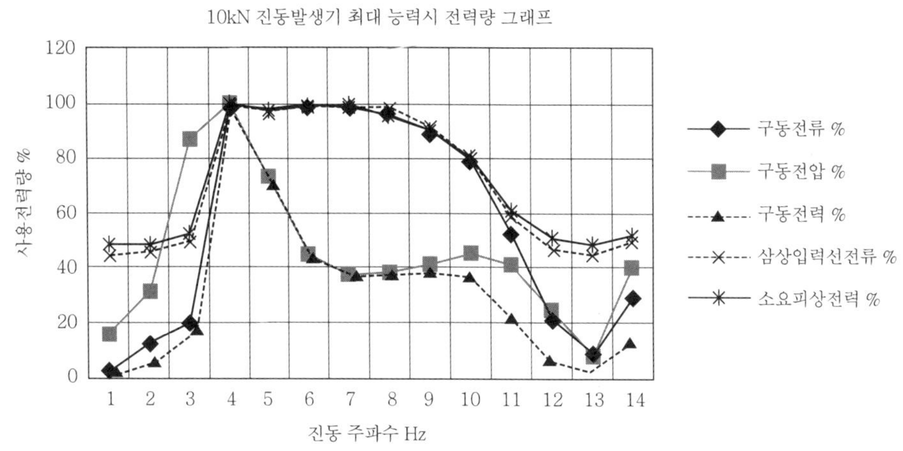

● 그림 3-17 정격운전 시의 소요전력과 구동전력의 관계 ●

① 소요피상전력과 구동전력의 관계

소요피상전력과 구동전력의 관계는 가로축1(3Hz)에서 구동전력이 1%일 때, 소요피상전력은 50%를 나타내고 있다. 이 장치에서는 소요피상전력의 절반이 구동전력(전력증폭기의 출력으로 구동코일에서 소비)으로 시험주파수와 진동레벨에 따라 소비량이 변동한다. 나머지 절반은 여자전원과 냉각 블로어에서 소비되고 있다.

② 구동전력의 전압과 전류 값의 관계와 구동코일의 발열에 대해서

구동전압은 진동속도가 빠른 가로축4(72.3Hz)에서 최대가 되고 있고 이것은 역기전력 발생과의 관계를 나타내고 있다. 구동전류는 4~8까지가 크고 9 이상은 축공진 주파수를 향해 계속 감소하고 있다. 또한 구동코일에 흐르는 전류의 제곱에 비례하여 발열함에 따라 일반적으로 연속정격운전에 대해 최대능력의 70~80%가 목표이지만 연속정격운전 시의 구동코일의 발열과 냉각능력(주위온도 포함)에 의한 제한이 일반적으로 많아 진동시험 내용과 부하에 관계하는 것에 주의해야만 한다.

③ 무부하 시와 유부하 시에 따른 구동전력의 변화

가속도 영역 이상에서는 유부하 시의 진동특성(정전압특성)은 보조테이블과 치구 및 시료의 진동특성 영향을 받아 변화하는 것으로 생각할 수 있다. 이 영역은 부하중량에 따라 가진력은 최대 가속도가 제한되고 가로축 4, 3, 2와 최대 속도, 변위영역에 따라 최대 가속도점이 이동하여 이 제한영역에 따라 구동전류의 피크가 확대된다고 생각할 수 있다.

2. 제어장치

기본적인 진동제어 방식의 개념은 그림 3-18과 같다.

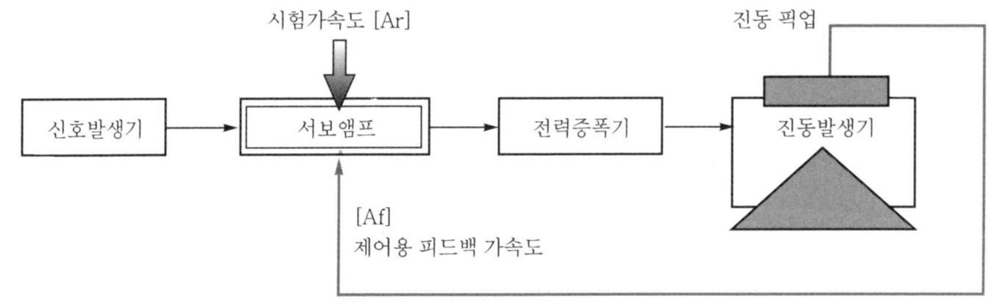

● 그림 3-18 기본적인 진동제어 방식 ●

신호발생기의 신호(사인파)는 서보앰프를 거쳐 전력증폭기에 입력되고, 전력증폭기에서 구동코일로 전류가 흘러 진동이 발생한다. 서보앰프에서 설정가속도 레벨 Ar과 진동발생기 진동대 또는 시료의 가속도 진동레벨 Af와 비교하여 Ar=Af가 되도록 서보앰프의 출력신호를 실시간으로 자동제어(컴프레션)한다.

- 진폭·진동수·소인 규정에 대하여

JIS C 0040 규격에서 시험장치(제어기)에 관계된 항목은 아래와 같다.

① 진폭의 허용차에 대해

- 기준점의 제어신호 진폭의 허용차는 ±15%로 한다.

  각 감시점의 진폭허용차는 500Hz까지가 ±25%, 500Hz 이상에서는 ±50%(고정점 하나에 가능한한 가까운 진동대·치구·시료상의 점, 복수의 감시점이 요구되는 경우 고정점이 4군데 이하인 경우는 각 점을, 5군데 이상인 경우는 대표적인 네 곳을 규정하여 감시점으로 한다.)

② 진동수의 허용차에 대해

- 0.25Hz까지   ±0.05Hz.   5~50Hz까지   ±1Hz.

  0.25~5Hz까지   ±20%.   50Hz를 초과하면   ±2%.

- 내구시험 전후의 임계진동수를 비교하는 진동응답시험 시는 다음과 같은 허용차를 적용한다.

  0.5Hz까지   ±0.05Hz.   5~100Hz까지   ±0.5Hz.

  0.5~5Hz까지   ±10%.   100Hz를 초과하면 ±0.5%

③ 소인에 대해

- 소인은 연속적으로 수행하고 진동수는 시간에 대해 지수함수적으로 변화시킨다. 소인 속도는 1옥타브/분으로 하고 그 허용차는 ±10%로 한다.

3. 제어용 응답신호

(1) 응답진동값

피드백 그룹 제어에 의한 사인소인 진동레벨 제어로 응답진동값을 결정하는 방법에 대해 알아본다.

① 절대값이나 평균값으로부터 환산

응답진동파형을 샘플링한 데이터로부터 절대값을 산출하고, 응답진동파형이 소정 주파수의 사인파임을 가정하여 이것을 응답진동값으로 등가적으로 환산한 값을 응답진동신호의 진동값으로 한다. 이 방식은 예전 미국 Ling 사에서 개발하여 상품화한 SCO-100 프로그램 제어(4단)에서부터 아날로그 방식의 정현파 진동제어기에 채용되었고 디지털 방식에서도 받아들여지고 있다.

② 실효값으로부터 환산

응답진동신호에서 그 파형의 실효값(2승 평균값을 산출하고 그 평방근 : root mean square 값)을 구하고, 응답진동파형이 소정 주파수의 사인파임을 가정하여 이것을 응답진동값으로 환산한 값을 응답진동신호의 진동값으로 한다.

③ 기본파 추출

응답진동파형에서 기본파 성분만을 추출해 그 진동값을 가지고 응답진동파형의 응답진동신호의 응답진동값으로 한다. 기본파 성분만을 추출하는 것은 응답진동신호에 대해 그 시점에서의 진동발생기 구동신호 주파수에 의한 퓨리에 적분연산을 실시간으로 수행함으로써 가능하다. 일반적으로 트래킹 필터라고 불린다.

응답진동신호에 왜곡이 많은 경우(기본 주파수 성분 이외의 고주파, 노이즈 성분 포함)에 사용되지만, 상기 ②항과 같이 응답진동파형 전체 값을 바탕으로 하여 그 값으로 정현파 환산을 하는 방식에 비해 응답진동신호는 기본파만으로 작아지고 제어의 결과인 진동제어레벨로서의 가진 레벨은 커지며 더욱 엄격한 진동시험이 된다.

(2) 응답진동값의 디지털 샘플링의 개념

디지털 처리되는 응답신호는 다음과 같은 방식으로 샘플링되어 있기 때문에 샘플링 주파수는 CPU 등의 능력에 따라 달라진다고 여겨지지만, 대표적인 샘플링 수치에 따라 정해진 부표본 계수에 의한 수치를 표 3-1에서 소개한다. 샘플링 주파수는 12.8kHz이다.

● 표 3-1 진동주파수 영역의 응답진동파형 샘플링 ●

소인진동주파수 Hz	서브샘플링 계수	실질 샘플링 주파수
0<f≦8	1/128	100Hz
8<f≦16	1/64	200Hz
16<f≦32	1/32	400Hz
32<f≦64	1/16	800Hz
64<f≦128	1/8	1.6kHz
128<f≦256	1/4	3.2kHz
256<f≦512	1/2	6.4kHz
512<f≦5000	1/1	12.8kHz

표 3-1은 실제로 진동주파수 영역에서 응답진동파형이 어떻게 샘플링되고 있는지 설명하고 있다. 예를 들어 4.0Hz인 경우, 1초간 반복되는 진동파형은 4회이다. 12.8kHz/128로 서브샘플링된 샘플링 수는 4.0Hz를 12.8kHz로 서브샘플링한 진동파형을 1/128로 서브샘플링해 표본화하는 것이 되므로 12.8kHz/128는 100Hz가 되며 4.0Hz의 0~360도까지의 1사이클은 100/4 횟수만큼 샘플링된다. 360/25은 14.4도 간격으로 모든 파형이 샘플링된다.

(3) 제어루프의 체크방법에 대해서

루프 체크 기능에 의해 컨트롤러 제어루프의 프리체크와 이상체크를 수행할 수 있다.

① 프리체크

제어운전 개시의 사전 프리체크를 위해 배경 잡음을 측정해두고, 프리체크 신호를 입력하여 프리체크 레벨의 가진으로 토털 루프 게인이 정상인지 판단한다. 이것은 정밀한 판정은 아니며 루프가 오픈인지 또는 게인이 아주 낮게 변화하고 있는지를 판단하는 레벨이다.

② 제어운전 시의 루프체크(이상체크)

프리체크에 합격하고 실제 제어운전을 시작하면 운전실시 중 전 과정의 제어레벨에 대해서 목표레벨에 대한 응답제어 오차범위의 설정에 따라 이상체크를 수행한다. 어보트 채널, 알람 채널에 의해 ±db 오차지정에 따라 정해진다.

- 아주 엄격하게 오차범위를 설정

  공진특성이 없거나 진동응답이 아주 선형성이거나 또는 한없이 가해지는 진동 오차를 억제하는, 다시 말해 고가의 시료이거나 조금이라도 과도한 스트레스를 가하고 싶지 않을 때.

- Normal하게 ±db 오차지정

  일반적으로 예상되는 공진특성과 비선형성을 허용하는 판단기준으로 하는 시료.

- 아주 유연하게 ±db 오차지정

  시료의 진동응답이 시험주파수 범위에서 큰 게인 변동을 일으키고 Normal 또는 소인 속도의 지정이 빠른 경우에 어보트 채널이 작동하여 시험이 중단되어 버리는 경우.

- 스타트·스톱의 출력시간 정지제어에 대해서

  시험개시 시의 출력레벨을 단계적으로 목표레벨로 올리는 방법, 중단 시의 출력정지 동작 지시부터 종료(출력 제로)로 내리는 방법, 시험정지시의 동작지시부터 종료(출력 제로)까지 내리는 방법.

4. 제어신호의 평균화

응답진동신호의 평균화에 대해서 설명한다. 복수의 계측점에서의 응답진동신호로부터 평균화하여 수행할 진동제어의 선택에는 다음 3가지 방식을 생각할 수 있다. 일반적으로는 1번 평균값 제어가 사용되고 있다.

① 평균값 제어

  제어채널로 지정된 각 계측점에서의 응답진동신호 추정값을 지정한 중량계수에 의해 무게를 더해서 평균한 양을 구하고 이것을 제어응답으로 사용한다.

② 최대값 제어

  제어채널로 지정된 각 계측점에서의 응답진동신호 추정값 중에서 최대값을 선택하여 이것을 제어응답으로 사용한다.

③ 최소값 제어

  제어채널로 지정된 각 계측점에서의 응답진동신호 추정값 중에서 최소값을 선택하여 이것을 제어응답으로 사용한다.

5. 제어계의 제어속도

제어계의 응답속도에 대해서는 목표값과 응답신호값을 비교해 얼마나 신속하게 목표값으로 또는 계속 목표값 내로 오차 없이 제어하는지가 필요한데, 응답진동신호를 목표 레벨로 일치시키기 위해 진동발생기 구동출력을 조절하여 레벨제어를 한다. 이 레벨제어의 속도는 디지털 피드백 제어계의 응답속도의 스피드를 지정하여 실시한다. 그러나 일반(Normal) 설정에서 곤란이 발생하는 경우에 간단히 다른 속도 설정으로의 적합 부적합을 단독으로 생각하는 것은 위험한데 그것은 소인속도와의 관계도 중요한 요소이기 때문이다.

제어계의 응답속도는 일반적으로 다음과 같이 3가지를 생각할 수 있다.

① Fast

빠른 응답속도로 제어를 수행하는 지정이다.

피제어계(자료 및 치구)가 응답이 불안정한 요소가 시험 주파수 범위 및 그 고차 주파수에 존재할 때나 공진배율이 매우 높은 경우에는 제어가 불안정해져 난조를 일으키고 안정된 제어시험을 수행할 수 없는 경우가 발생한다.

② Normal

일반 시험으로서 적절한 빠르기의 제어속도로 설정되어 있다.

③ Slow

느린 응답속도의 설정제어로 설정된다. Normal 설정에서 제어가 불안정해지고 난조를 일으켜서 안정된 제어시험을 수행할 수 없는 경우가 발생한다. 이런 경우에 Slow를 선택하면 안정된 제어를 할 수도 있다. 하지만 소인속도와의 관계도 중요한 요소가 된다.

3-4　각종 진동시험

1. 진동시험의 종류

진동시험의 분류를 그림 3-19에 나타낸다. 직접 규격에는 관계하지 않지만 시험규격은 이 항목에서 적용된다.

그림 3-19에서 사인비트 진동시험, 시각력(時刻力) 진동시험의 국내규격은 비교적 새롭게 IEC 규격을 참고하여 거의 풀 카피에 가깝게 규격화된 규격이다.

ISO 16750 규격은 차재기기의 시험규격으로서는 유일한 국제규격이고 반드시 자동차 관계의 진동에 종사하는 분들이 알아둘 필요가 있다고 생각하여 그림 3-19에 함께 실었다.

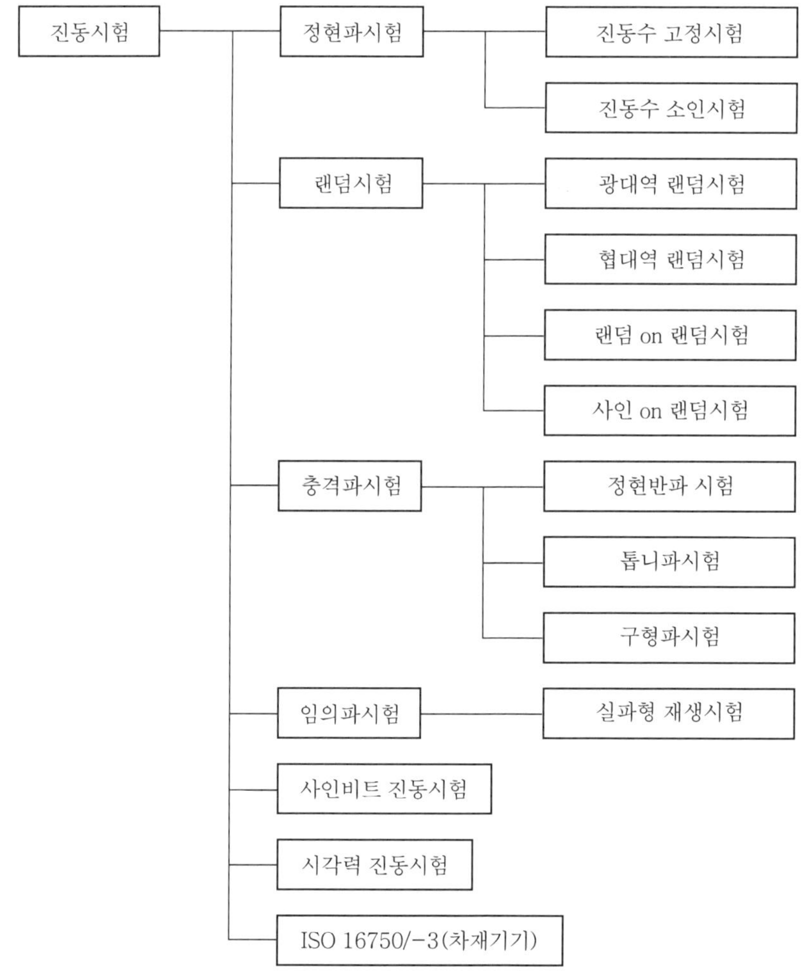

● 그림 3-19 진동시험의 분류 ●

2. 정현파 진동시험

표 3-2는 정현파 진동시험의 방법과 내용에 대해 요약하고 있다.

● 표 3-2 진동시험의 방법과 내용 ●

방법	내용	시험제어사항
① 정현파진동수 고정시험	일정 주파수, 주로 공진주파수에 의해 가진한다.	진동레벨, 진동수 시험시간
② 정현파진동수 소인시험	상하 진동수 범위를 편도 또는 왕복소인하고, 규정 프로그램을 제어한다.	진동레벨, 진동수 소인모드와 속도
③ 광대역 랜덤시험	화이트 노이즈를 규정, 파워 스펙트럼 밀도 곡선이 되도록 성형하여 가진한다.	진동레벨 PSD 곡선
④ 협대역 랜덤시험	협대역 랜덤 스펙트럼의 중심 진동수를 소인하여 가진한다.	PSD 곡선 협대역 랜덤폭
⑤ 충격진동시험	쇼크파형을 하프사인, 구형파로 재생	작용시간과 피크 가속도
⑥ 랜덤 ON 랜덤시험	③과 ④항을 중첩하여 가진한다.	③과 ④항과 동일
⑦ 사인 ON 랜덤 시험	③과 ①항을 중첩하여 가진한다.	③과 ①항과 동일
⑧ 실파형 재생시험	지진파 등을 시뮬레이트 해 가진한다.	파형 재생
⑨ 사인비트 진동시험	고정 진동수의 사인비트파의 횟수	사인비트의 사이클 수
⑩ 시각력 진동시험	랜덤 시각력 진동파형	요구응답 스펙트럼

(1) 정현파 진동에 의한 고정진동수 내구시험과 소인내구시험에 대해서

일반적으로 소인내구시험은 공시품이 사용 중에 받는 응력의 영향을 시뮬레이트하는데 적절한 방법이다. 고정 진동수 내구시험은 사용 환경(주기성이 현저한 회전기기 등의 진동)이 제한된 공시품으로서 특정 기기의 영향을 받는 장소 또는 한정된 기기의 차량이나 항공기에 장착되는 공시품에 적합하다.

기존의 진동시험은 공시품의 공진점을 탐사하고, 그 공진진동수로 규정 시간 동안 내구시험을 실시했었다. 그러나 사용 중에 고장을 일으키기 쉬운 공진과 그렇지 않은 공진의 차이를 정의하기가 쉽지 않다.

JIS C 0040으로부터 시험의 지침에서는 실제로 받게 될 것으로 예측되는 영향을 시험장치로 재현하는 방법에 대해 규정해두고, 실제 환경의 재현에 대해서는 의도하지 않은 다른 장소, 사람, 장치에 의해 수행하는 시험이 동일한 결과를 얻을 수 있도록 고안된 파라미터를

표준화했다고 할 수 있다. 소인내구시험에 의해 이러한 기술적 과제를 해결하고 손상을 주기 쉬운 공진이냐 아니냐 하는 판정을 피하면서, 예측되는 영향의 진동을 광대역으로 정해 환경시험기술의 가능성과 시험기술자의 숙련도에 대한 의존을 경감시켰다. 공시품이 복수의 진동수에서 일어나는 피로의 상황을 고찰할 때에는 소인내구시험 후에 고정 진동수 내구시험을 실시하는 것이 적절하다.

고정 진동수 내구시험은 공시품의 진동응답검사에서 각 축의 공진점이 4점 이하일 경우에 수행하고, 4점 이상일 경우에는 소인내구시험을 적용하는 것이 바람직하다고 한다.

실제 환경이 복잡한 진동 성분의 배경, 진동 레벨의 크기, 불규칙성 진동을 생각할 수 있는 경우에는 정현파 시험뿐만 아니라 랜덤진동 내구시험은 구조가 간단하지 않은 부품과 기기에 적절하다.

(2) 진동시험 중인 공시품에 일어나는 동적 응답에 대해서

공시품이 손상되는 주원인은 내부에 발생하는 동적 응력이라고 한다. 예를 들면, 단순한 스프링 질량계를 그 질량보다 큰 질량의 진동체에 장착했을 때, 계의 내부에서 발생하는 응력이 손상의 원인이 된다. 공진진동수에서는 스프링 질량계의 운동 진폭이 증가하고 동시에 스프링에 가해지는 응력도 증가한다.

공시품의 구조에 따라 다르지만 구성 부품의 일부가 어떤 스프링에 의해 지지되고 있는 경우에 그 지지하고 있는 스프링의 고유진동수로 공시품을 여진했을 때 그 스프링에 의해 지지되는 구성 부품은 스프링의 공진배율에 의해 증폭된 진동이 된다. 최근에 봉지(封止)된 제품·부품의 진동특성을 계측하기 위해서는 고도의 기술이 필요하며 그 이유는 공시품의 질량스프링 분포를 변경하지 않은 채 진동 픽업을 장착하는 것과 장착 장소가 적절한지는 시험기술자의 숙련도와 경험 및 계측장치가 필요하기 때문이다.

따라서 기기의 시험으로서 엄격함과 연관하여 부품의 엄격함을 결정할 때에는 충분한 주의를 기울여 부품의 동적 응답 영향을 고려한 여유도가 필요하다. 이러한 공진진동수로 내구시험을 실시하기 위해서는 기술적인 판단이 필요하다. 또한, 여진진동수를 공진진동수로 유지하기 위해 공진점 추종시험이라는 방법도 있다.

부품이 받는 진동환경은 구조체, 기기, 조립품 등의 동적 응력 때문에 기기가 받는 환경과는 다르다. 부품을 조립해 넣은 기기 또는 부품이 받는 응답이 미지인 경우가 많고 복잡하다. 소형 공시품의 경우에 55Hz 또는 100Hz 미만에 공진이 존재하지 않으면 이 진동수들을 하한진동수로 하여 내구시험을 수행해도 좋다.

(3) JIS C 0040 규격에서 「왜곡」에 대해

「왜곡」에 대해서는 다음과 같이 정의되어 있다.

$$d = [\sqrt{\alpha^2_{tot} - \alpha^2_1}/\alpha_1] \times 100\%$$

여기에　d : 가속도파형 왜곡(%)

α : 가속도의 여진진동수 성분의 실효치

α_{tot} : 부가된 가속도의 전(全)실효치(α_1값도 포함)

가속도 왜곡의 측정은 기준점(이 점의 신호를 시험제어에 이용한다)에서 5000Hz까지의 진동수 또는 여진진동수의 5배까지의 진동수 가운데 넓은 쪽의 진동수 범위에서 수행한다. 왜곡에 대해서는 25%를 초과하면 안된다고 정의되어 있다.

주기(注記)로서 왜곡을 정의된 값 이내에 묶는 것이 불가능할 경우, 「트래킹 필터」를 사용하여 제어신호 가속도의 기본진동수 성분을 규정치(25%) 내로 수정할 수 있다면 25%를 넘어도 좋다고 되어 있다.

[트래킹 필터에 대해]

외부동기신호(진동시험기의 시시각각의 가진주파수)에 동조하여 그 중심 주파수가 동기해 변화하는 협대역 밴드 패스필터이다. 왜곡을 가진 신호에 외부동기신호를 곱하여 외부동기신호와 동기한 신호 성분만을 추출할 수 있게 된다.

실제 시험 시에 주의해야 하는점은 트래킹 필터를 사용함으로써 제어목표 가속도 값과 트래킹 필터된 동기 신호값의 비교에 의해 제어되기 때문에 전체의 가진신호 출력이 커진다는 것이다. 실제 환경 진동은 거의 대부분 왜파 상태이며 정현파와 얼마나 다른 파형 성분으로 구성되어 있는지는 왜곡률(Distortion Factor)로 그림 3-20과 같이 나타낼 수 있다.

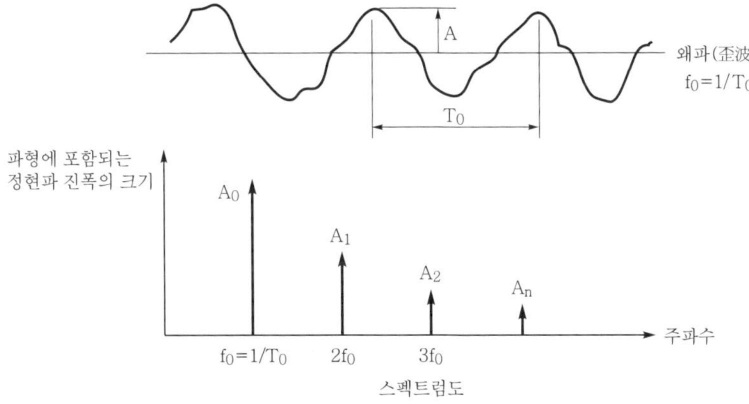

● 그림 3-20 진동파형의 파형 성분에 대해서 ●

왜곡률은 기본파($f_0 = 1/T$) 진폭의 크기(A_0^2)에 대한 기타 주파수 성분의 파워 [$A_1^2 + A_2^2 + A_n^2$]의 비로 주어진다.

3. 랜덤진동시험

(1) 랜덤진동에 대해서

랜덤진동을 정성(定性)적, 정량적으로 표현하기 위해서는 진폭확률밀도함수와 파워 스펙트럼을 모두 고려할 필요가 있다. 왜냐하면 진폭확률밀도함수가 같더라도 파워 스펙트럼이 다른 경우가 있기 때문이다.

① 브로드 밴드 랜덤진동

주파수축 상에 광범위하게 진폭 파워 스펙트럼이 존재하는 랜덤진동.

② 밴드 리미트 랜덤진동

주파수축 상의 한정된 주파수 범위에만 파워 스펙트럼이 존재하는 랜덤진동.

③ 협대역 랜덤진동

특정 주파수 점에만 파워 스펙트럼이 존재하는 랜덤진동.

④ 의사 랜덤진동

진폭확률밀도함수는 정규분포에 가깝거나, 시간축 상으로 주기성이 있는 랜덤진동이지만 엄밀하게 생각하면 랜덤진동이 아니고 파워 스펙트럼이 주파수축 상에 연속으로 존재하지 않으며 분해능이 존재한다. 랜덤 제어기에서 초기에 전달함수를 구할 때 사용하는 경우도 있다. 정상 정현파 복합진동파형의 특수한 예라고 할 수 있다.

여기서 랜덤진동시험에 사용하는 랜덤신호의 조건은 「정규 정상 랜덤신호」라고 불리고 있으며, 랜덤신호는 시계열 신호로서는 시간축에 대해 시시각각 진폭값이 변화한다. 이 변화 횟수를 통계적으로 파악하는 방법은 진폭의 확률밀도가 일정 분포로 수식화되는 것으로 하고, 랜덤진동 패턴을 결정함에 따라 어떤 레벨 이상의 스트레스가 특정 시간 내에 발생하는 빈도를 통계적으로 예측할 수 있도록 하는 것이다. 이렇게 하여 시험결과의 평가를 이론적으로 수행할 수 있게 된다. 여기서 랜덤진동시험에 사용하는 랜덤신호의 조건은 「정규 정상 랜덤신호」라고 불리고 있으며,

① 장시간의 **PSD** 평균이 일정 값으로 수속할 것.
② 진폭확률밀도가 평균치 제로의 정규분포일 것.

이상의 조건을 만족해야 한다.

이러한 조건을 만족하지 않는 랜덤신호를 「비정상」이라고 하는데, 실제로는 자연계에서 많이 볼 수 있는 현상이지만 비정상이라고 부른다. 또한, 2시간 이내에 동일 시계열 신호변화의 반복이 없는 랜덤신호를 퓨어랜덤이라고 하며 실제 랜덤진동을 가하는 신호의 조건이 되고 있다.

(2) 랜덤진동의 분석

랜덤진동의 내용과 내부에 대한 이해는 「스펙트럼 분해」를 하여 수치적으로 내부를 파악함으로써 가능하다. 「퓨리에 변환」에 의해 불규칙 신호를 주파수가 다른 삼각함수의 합으로 파악하는 방법을 사용한다.

퓨리에 변환은 시간 영역과 주파수 영역을 잇는 영역의 변환을 수행할 수 있는데 이 기법을 사용해 필요에 따라 상황이 좋은 영역으로 이동하여 판단하고 이용할 수 있다. 퓨리에 변환은 시간 영역과 주파수 영역간의 교환에 필요한 변환기능으로 시간 영역의 파형 신호를 퓨리에 변환하는 것은 스펙트럼으로 분해한다는 것을 의미한다. 역으로 스펙트럼 성분으로부터 시간 파형을 합성하는 것도 가능한데 이것을 역 퓨리에 변환이라고 부르고 있다. 「시간 영역의 진동파형 신호를 퓨리에 변환에 의해 주파수 영역의 스펙트럼으로 분석」하거나 또는 「주파수 영역의 스펙트럼 성분을 역 퓨리에 변환」하는 시간파형으로서 합성할 수 있는 랜덤진동 및 충격진동을 다룰 때의 수학적인 도구로서 퓨리에 변환은 빼놓을 수 없는 지식이다.

(3) 랜덤진동의 성질, 진폭확률밀도분포에 대해서

랜덤진동을 다루기 쉽게 하기 위해 PSD를 규정해도 그 밖에 규정할 필요가 있는 항목으로 랜덤신호의 진폭확률밀도가 있다. 랜덤 시계열 신호와 진폭확률밀도의 연관을 그림 3-21에 나타냈다. 이 그래프는 랜덤신호를 특정 시간 간격으로 샘플링하여 그 결과의 수치(크기와 부호)를 가로축(시간축)에 샘플링한 횟수를 세로축에 플롯하고 전체 샘플링 수로 나누어 정규화한 그래프이다.

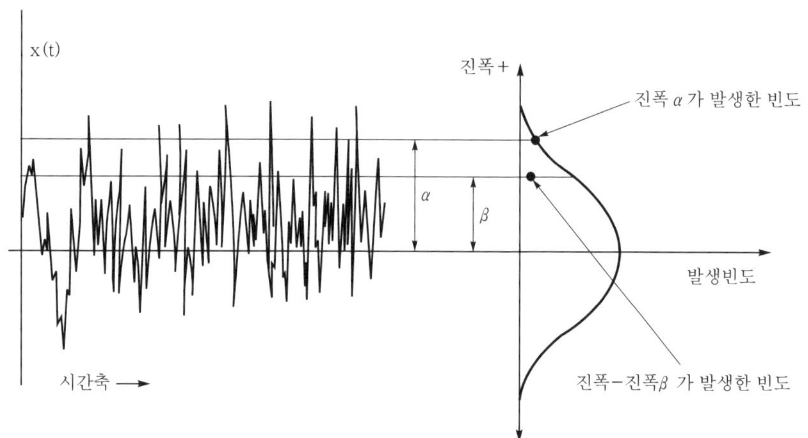

● 그림 3-21 랜덤 시계열 신호와 진폭확률밀도의 연관에 대해서 ●

랜덤신호는 시계열 신호로서 시간축에 대해 시시각각 진폭값이 변화하는데 이 변화 횟수를 적극적으로 이용하여 통계적으로 신호를 파악하는 기법이 있다.

이 기법은 진폭의 확률밀도가 일정한 분포로 수식화하는 것으로 하고 그 랜덤진동 패턴을 가함에 의해 어떤 레벨 이상의 스트레스가 특정 시간 내에 발생하는 빈도를 통계적으로 예측할 수 있기 때문이다. 이로써 시험결과의 평가를 논리적으로 수행할 수 있다.

(4) PSD의 개념[파워 스펙트럼 밀도(Power Spectral Density)]에 대해서

파워(가속도) 스펙트럼 밀도의 그래프를 예로 들어 그림 3-22에 나타냈다. 이 그림에서 세로축은 신호의 각 주파수 성분의 2승 값을 취하고 가로축은 주파수를 나타내고 있다.

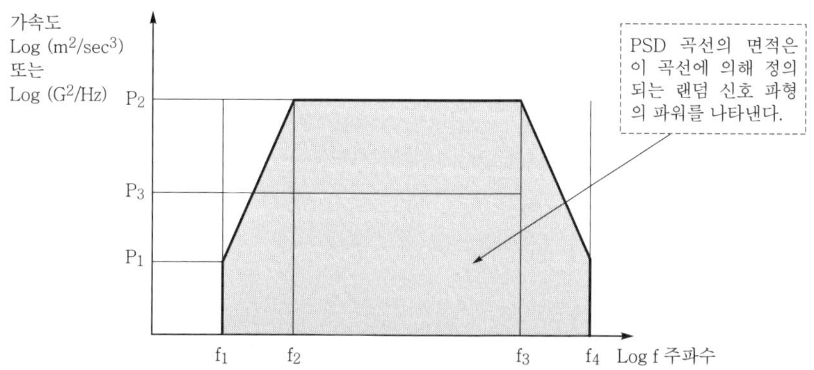

● 그림 3-22 파워 스펙트럼 밀도 (Power Spectral Density) ●

그래프의 각 주파수 성분은 스펙트럼의 파워를 나타내고 있다. 이 스펙트럼 밀도의 중요성은 파형은 수식화할 수 없지만, 그 주파수 성분을 수식화(규칙화)할 수 있게 되어 PSD 곡선으로 무수한 랜덤신호를 정의할 수 있다는 데 있다.

다음은 참고로 PSD의 추정과 자유도에 대해 간단하게 살펴보기로 한다.

① PSD의 추정

랜덤진동에 사용하는 데이터는 유한하고 얻어지는 유한한 데이터가 실제 측정하고 있는 양 전체의 대표값이냐 아니냐는 얻어지는 PSD 추정량의 측정 데이터가 많으면 많을수록 PSD의 참값이 된다.

② 자유도 : DOF(Degree of Freedom)

1회의 FFT 분석으로 얻어지는 PSD의 추정량이 가지는 자유도는 2이다. PSD 추정량의 정밀도를 올리기 위해서는 FFT 분석을 여러 차례 반복하여 그 때마다 얻어지는 PSD 값을 스펙트럼별로 누적하여 평균화하면, 1회당 DOF는 2이므로 자유도는 증가하고 추정값은 참값에 가까워져 신뢰도를 올릴 수 있다.

랜덤신호의 스펙트럼 분석 데이터는 정확한 값이라고는 할 수 없고 일정한 확률론으로 얻어지는 추정값이다. 스펙트럼 분석에서 얻을 수 있는 추정값의 신뢰도는 「DOF 자유도」에 의해 표현되는데 DOF가 클수록 분석의 신뢰도는 높아진다. DOF에 대해 정리하자면 얻어진 PSD 값의 참값에 대해 신뢰도는 다음과 같은 값이 된다.

$$2 \quad +7.2 \sim -20db \text{ 사이에 들어 있을 확률이 } 90\%$$
$$20 \quad +3.0 \sim -4.2db \text{ 사이에 들어 있을 확률이 } 90\%$$
$$100 +1.6 \sim -1.9db \text{ 사이에 들어 있을 확률이 } 90\%$$
$$200 +1.1 \sim -1.3db \text{ 사이에 들어 있을 확률이 } 90\%$$

스펙트럼 추정치가 DOF 200에서 X라고 할 때, 그 참값을 Z라고 하면 참값 Z에 대해 정해지는 X는 1.3dbZ<X<1.1dbZ가 된다.

(5) 디지털 랜덤 컨트롤러의 기본 동작 원리에 대해

랜덤 컨트롤러 기능의 목적은 진동발생기와 치구 및 시료에 따라 존재하는 진동특성의 제어점에 대한 전달특성을 랜덤 입력신호와 응답 랜덤 계측치로부터 구하여 제어점에 가할 랜덤진동신호를 발생시켜 부가하는 것이다.

랜덤시험으로서 가해진 진동패턴에 필요한 랜덤신호에 의한 파워 스펙트럼을 작성하고,

진동시험 중에는 응답신호의 PSD와 목표 스펙트럼의 PSD를 실시간으로 비교해 이퀄라이징하여 가해진 파워 스펙트럼의 랜덤 파워를 제어점에 항상 시험 중 재현한다. 기본적인 블록 다이어그램을 그림 3-23에 나타냈다.

맨 처음 플랫인 랜덤신호를 진동발생기에 입력하여 신호의 응답값을 A/D 변환한 후 FFT로 응답을 해석하여 피제어계의 전달함수를 구한다. 그 이후에는 Reference가 되는 목표 스펙트럼에 대해 응답 분석된 전달함수를 이퀄라이징하여 출력 스펙트럼이 작성되고, IFFT에 의해 역변환되어 파형 데이터가 되는 D/A 변환된 아날로그 신호를 전력증폭기를 경유해 진동발생기를 구동한다.

이후로는 구동신호와 응답신호를 FFT로 스펙트럼 분석된 상태에서 제어연산부에서 Reference와 비교하여 다음 출력신호 성분을 작성하는 제어 루프가 완성된다.

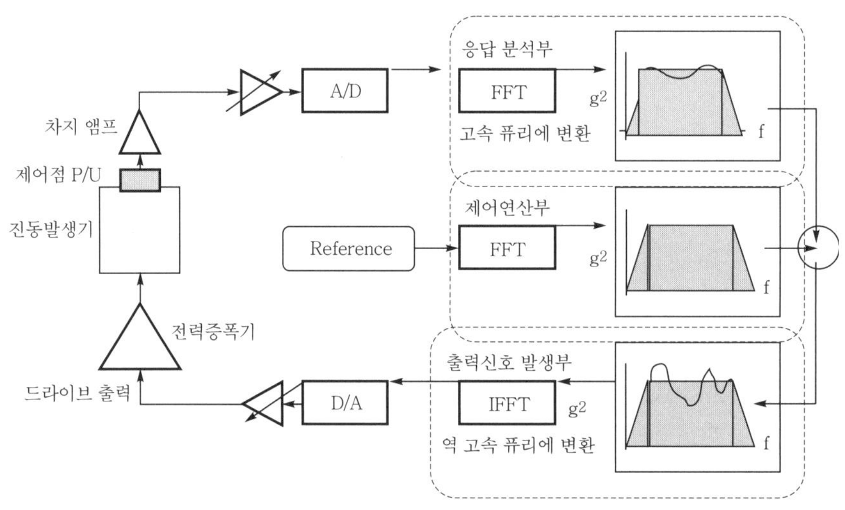

● 그림 3-23 랜덤 컨트롤러의 기본 동작 설명 ●

(6) 랜덤 시험의 응답분석에 대해서

제어점에서 계측된 피제어계 응답파형의 스펙트럼을 분석하고 (스펙트럼 분석은 FFT 알고리즘에 따라 디지털 연산으로 퓨리에 변환하여 구한다) 응답 스펙트럼을 구한다.

FFT는 퓨리에 변환을 이산적으로 실시하고 얻어진 스펙트럼도 이산적이다. 구체적으로 설명하면 최저 주파수에서부터 지정된 최고 주파수까지 주파수축 상의 영역을 일정 간격으로 구획하여 퓨리에 성분을 구한다. 이 퓨리에 성분에서 얻어진 각 주파수의 스펙트럼을 스펙트럼 라인 또는 제어라인이라고 부른다.

랜덤시험에서는 그 파워를 제어하는 것이 목적이다. 각 퓨리에 성분을 제곱하여 PSD 값으로 변환하고, 각 라인의 응답 PSD 데이터를 구한다. 랜덤신호는 불규칙 신호이기 때문에 1회의 FFT 분석으로 얻을 수 있는 스펙트럼 데이터는 매우 들쭉날쭉하므로 평균적인 스펙트럼 추정을 위해서는 평균화 조작이 필요하다. 미리 지정된 횟수의 M 평균횟수로 FFT 분석을 수행하고, 그 평균값을 응답 스펙트럼 데이터로서 제어연산부에 준다.

평균횟수 M은 시험을 하는데 있어 사용자의 지정사항이 될 수도 있다. 「M을 평균화 파라미터」라고 할 수 있는데, 그림 3-24에 나타낸 것과 같이 평균횟수 M은 하나의 루프가 몇 개의 프레임으로 형성되는지를 나타내는 것이기도 하다.

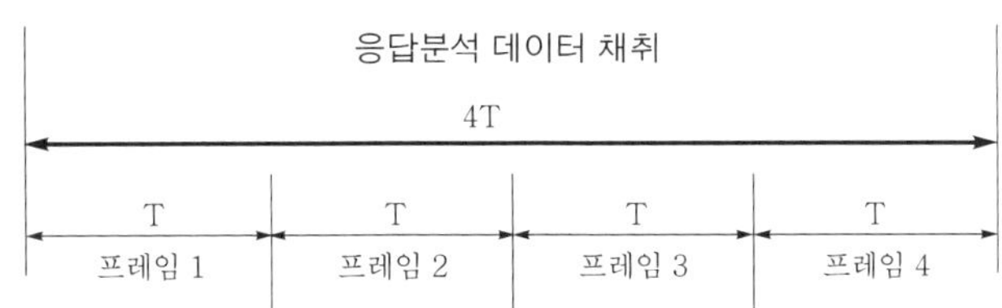

● 그림 3-24 평균화 파라미터 M = 4인 경우 ●

(7) 리니어 평균횟수 M과 지수평균으로서의 평활화 계수 E에 대해

1회의 FFT 분석으로 얻을 수 있는 PSD 데이터는 2DOF(Degree of Freedom)로 2자유도이다. 통상적으로 평균치 내에 포함되는 불규칙 오차는 M값이 클수록 작아진다. M값은 일반적으로 50 이상을 필요로 하지만, 1루프를 50프레임으로 형성하면 데이터를 처리하는 데 시간이 걸리고 응답속도가 느려지기 때문에 루프마다 별도로 평균화를 수행한다. 이 루프별 평균에 E라는 가중평균의 가중치(과거의 루프 데이터와 새로운 루프 데이터의 평활화 계수)를 부여한다. 이 E도 시험을 수행하는데 있어 사용자의 지정사항이 될 수도 있다.

컨트롤러의 랜덤 제어의 특별기능으로서 평활화 계수와 평균화 횟수에 대해 간단히 설명해둔다. 평활화 계수의 개념은 그림 3-25에, 평균화 횟수의 개념은 그림 3-26에서 설명한다.

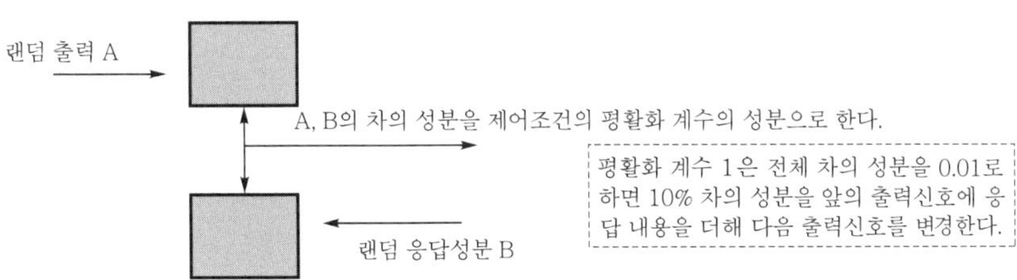

● 그림 3-25 평활화 계수의 개념 ●

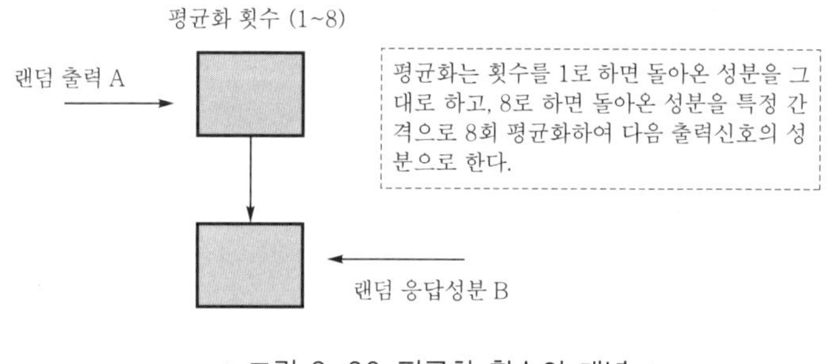

● 그림 3-26 평균화 횟수의 개념 ●

평균화 횟수 M과 평활화 계수 E에 의해 결정된 자유도 K의 계산에 대해서 검토한다. 평균화 파라미터의 개념을 평활화 계수로 나타낸 것처럼, E의 개념은 새로운 데이터를 1/E만큼 사용하고, 나머지는 이전 데이터를 (E−1)/E의 비중으로 사용하여 [(E−1)/E]n 형태의 비중으로 남겨진다.

자유도 K는 다음 식으로 생각할 수 있다.

$$K = 2M(2E-1)$$

예를 들어 M = 4, M = 8로 할 때 자유도 K는 다음과 같이 된다.

$$K = 2 \times 4[(2 \times 8)-1] = 120$$

4프레임의 루프로 형성되어 있지만 응답분석은 120DOF 상당의 불규칙 오차범위 내에 수렴된다고 생각할 수 있다. 일반적으로 「안정된 제어계를 형성하기 위해서는 K > 100을 기준」으로 한다. 또한, M과 E의 선택범위에 대해서는 다음과 같이 생각해볼 수도 있다.

$$M = (2\sim256) \ Frames/Loop$$
$$E = (1\sim32)$$

랜덤제어에 관한 특허는 미국의 G&R 사(GenRad, 현 Teradyne)가 기본적인 특허들을 다량으로 보유하고 있다. 일본 국내의 진동발생기 메이커들은 진동제어기의 사용특허에 의해 젠라드 지사에 의해 지적을 받고, 지불 금액을 협상하고 계약하여 양해를 얻고 있다. 랜덤제어 기본특허에서 퓨어 랜덤 작성에 관한 기술에는 고도의 수식계산도 포함되어 있어 특허침해에 해당한다고 한다.

(8) 시각력 진동시험방법(JIS C 0057)에 대해서

이 규격은 최근에 와서 IEC 규격이 JIS 규격화된 것이며, 단시간의 랜덤 형태의 동적인 힘에 노출되는 부품, 기기 및 그 밖의 전기·전자 제품의 시험방법을 규정하고 있다. 단시간의 랜덤 형태의 동적인 힘의 대표적인 예로는 지진, 폭발 및 다양한 이동수단에 의해 유발되는 응력이 있다.

시험은 정현파 또는 랜덤파에 의한 초기진동 응답검사 후에 동적인 힘의 영향을 시뮬레이트하는 특성을 가지는 응답 스펙트럼에서 규정한 시각력 진동을 가한다.

이 시험방법을 통해 하나의 시험파형이 광대역 응답 스펙트럼을 포괄하도록 할 수 있다. 공시품의 단일 또는 복수 가진축 방향의 모든 모드를 동시에 여진할 수 있기 때문에 일반적으로 연성모드의 영향이 고려된다.

연성모드란 한 방향의 진동에서 다른 진동모드로 에너지가 이동할 수 있도록 하는 상호 독립적이 아닌 서로 영향을 주는 진동모드라고 정의되어 있다.

4. 충격(쇼크) 진동시험

이 시험은 수송 중이나 사용 중에 비교적 빈도가 낮고, 반복되지 않는 충격을 받는 부품·기기·기타 전기제품에 대해서 수송환경 또는 동작환경에서 공시품이 실제로 받게 되는 영향을 재현하는 시험이다. 기본적으로는 실제 환경을 그대로 재현하는 것을 의도하지 않는 일반적인 충격시험규격으로 여겨져 왔다.

하지만, 자동차와 자동차 부품 및 최근 들어 제품이 증가하게 된 차재기기에 대해서 충격시험이 적용되게 되었다. 이들 시험에는 진동시험에 많이 사용되고 있는 동전식 진동시험기도 디지털 진동제어기의 제어기능(충격 소프트) 개발에 의해 가능해졌다.

(1) 충격시험의 적용방법

여러 가지 제품들은 수송 중이나 사용 중에 그리고 취급 도중에 충격을 받게 된다. 이들 충격의 내용은 폭넓게 변화하고 복잡한 성질을 포함하고 있다. 이 시험에서는 공시품의 인증시험 및 품질관리를 목적으로 수행하는 구조의 완전성 확인에 적합하다. 특히, 구멍이 있는 공시품의 내부 구조에 이미 알려진 힘을 가하기 위해서 고가속도충격을 이용한다. 동작환경의 시험으로는 차재기기에 대해 도어의 개폐·주행 중의 요철 통과, 고속주행 시의 급격한 감속과 커브주행·충돌 시의 안전작동장치 등의 평가와 내구시험을 고려해볼 수 있다.

다음으로 충격현상과 공진에 대해 간단히 설명하면, 충격은 단시간에 가해지는 비교적 큰

가속도 파형으로서 계측되는데 이와 같이 펄스 형태의 파형은 저주파수(직류 부근)에서 수 kHz까지의 광대역 주파수 성분을 연속적으로 포함한다.

이 때문에 충격파(쇼크)를 받은 공시품이 충격이 감쇠하는 과정에서 공시품이 가진 몇 개의 공진점이 어떻게 서로 간섭하면서 영향을 미치는지가 중요해지는데, 이에 대해서는 그림 3-27에서 설명한다. 만약 시료의 고유진동수가 단순히 $\omega = 2\pi f_0(\mathrm{rad})$이라고 할 때, 이 공시품에 충격펄스폭 t_0인 정현반파(하프사인)를 가하면, 그림 3-27에 나타난 것처럼 충격가속도 펄스가 더해진 후에 시료의 고유진동수에 의해 감쇠하면서 지속된다. 이와 같이 1 자유도의 진동계에 일정한 충격이 더해졌을 때 공시품이 어떤 반응을 하는지는 가해진 충격파의 모양(파형·펄스폭·피크 값)에 의해 충격파의 성분이 달라지고, 공시품에 존재하는 공진계에 의해 응답파형이 여러 가지로 미묘하게 달라진다.

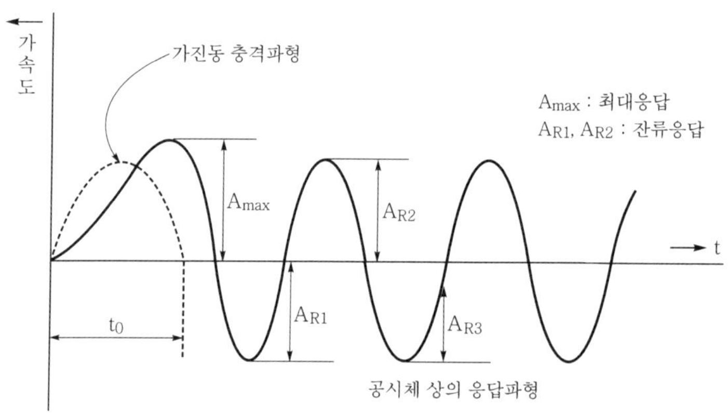

● 그림 3-27 충격파를 받았을 때의 감쇠에 대해 ●

(2) 충격시험의 목적

규정된 충격의 가혹함에 견디는 공시품의 능력을 판정하여 평가를 실시하고, 기계적 약점 및 규정한 특성의 기능 저하를 조사하여 그 결과에 따라 공시품의 합격 여부를 판정한다.

크게 분류하면 다음 3가지 항목으로 나누어 볼 수 있다.

① 충격에 견디는지 평가한다.
② 충격에 의한 손상의 내용을 분석하고 제품설계·개량·개선을 한다.
③ 충격을 계측하는 센서의 성능과 내환경성에 대해 검사한다.

시험은 일반적으로 규정된 펄스파형의 선택 및 사용 지침을 참고로 수행한다.

(3) 충격용어에 대해서(JIS B 0153에서 발췌)

- 충격 (mechanical shock)

어떤 계에 과도한 변화를 초래하는 힘, 위치, 속도 또는 가속도의 갑작스런 변화. 변화가 고유 주기에 비해 단시간에 일어난다면 갑작스런 변화라고 할 수 있다. 갑작스런 비진동성의 속도변화에 의해 발생하는 충격을 속도충격이라고 하며, 갑작스런 비진동성 가속도에 의해 발생하는 충격을 가속도충격이라고 한다.

- 충격시험기(shock testing machine)

  어떤 계에 제어된 재현성이 있는 기계충격을 가하는 장치.

- 충격파(shock wave)

  어떤 매체 또는 구조체를 충격이 전달되는데 따르는 충격시각력(변위, 전압 또는 그 밖의 변수).

- 충격펄스(shock pulse)

  운동, 힘 또는 속도와 같은 시간적으로 변화하는 양의 급격한 상승 또는 급격한 하강에 따라 특징지어지는 충격여진의 모양.

- 충격운동(shock motion)

  충격여진을 일으키는 과도운동 또는 충격여진에 의해 일어나는 과도운동.

- 범프(bump)

  시험을 위해 몇 번씩 반복되는 충격의 형태.

- 임펄스(impulse)

  힘이 가해지고 있는 시간 동안에 걸친 힘의 시간적분.

(4) 충격시험 펄스파형에 대해

3종류의 충격 펄스파형이 제안되어 있으며 시험목적에 따라 어느 파형을 사용해도 좋다. 각 펄스 충격파 시험의 적용에 대해서 소개한다.

그림 3-28의 정현반파 펄스는 탄성구조물과의 충돌과 같은 선형 변화계에서의 충돌 또는 감속의 결과로 발생하는 충격을 재현할 경우에 적용한다. 따라서 범프시험(C 0042)에서 지정된 파형은 정현반파뿐이다.

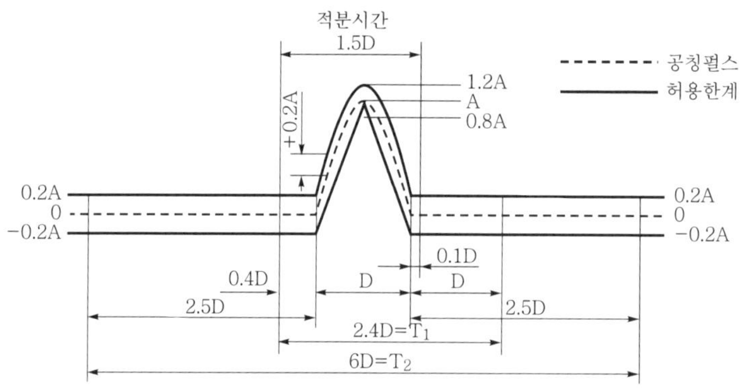

● 그림 3-28 정현반파 펄스 ●

그림 3-29의 대형파(臺形波) 펄스는 정현반파 펄스보다도 넓은 주파수 스펙트럼에 걸쳐 높은 응답을 얻을 수 있고, 우주탐사기 또는 인공위성을 발사할 때 「폭발볼트」에서 발생하는 것 같은 충격의 영향을 재현할 경우에 적용한다. 폭발볼트란 로켓의 단간접속 볼트로 분리 시에 폭발력에 의해 절단하는 볼트이다. 이 펄스파형은 부품 타입의 공시품은 대상으로 하지 않는다.

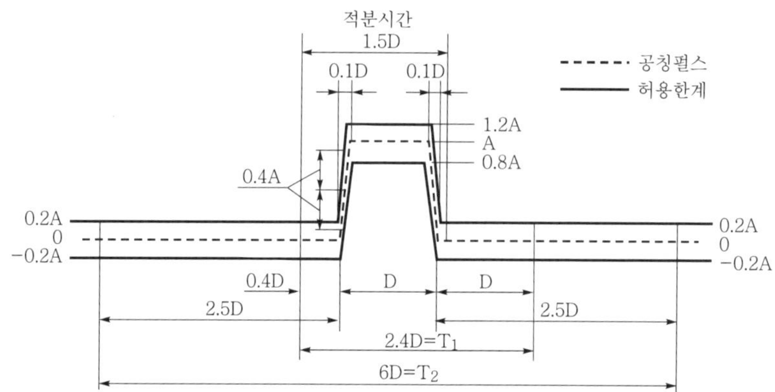

● 그림 3-29 대형파 펄스 ●

그림 3-30의 톱니파 펄스는 정현반파 펄스 및 대형파 펄스보다도 균일한 응답 스펙트럼을 가지고 있다.

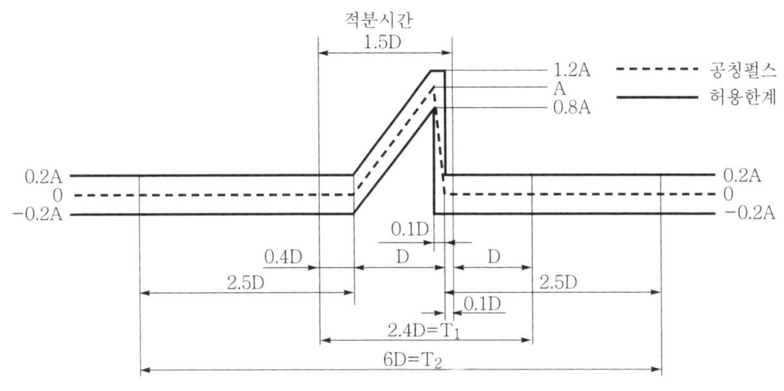

● 그림 3-30 톱니파 펄스 ●

위에 규정된 3종류의 충격파형의 기호에 대해 설명하면 다음과 같다.

D : 공칭펄스 작용시간

A : 공칭펄스의 피크 가속도

T_1 : 통상의 충격시험기를 사용한 경우 충격을 감시하는 최소시간

T_2 : 진동시험기를 사용한 경우 충격을 감시하는 최소시간

이라고 정해져 있다.

MIL-202F 규격 충격공칭파의 예를 그림 3-31에 나타낸다.

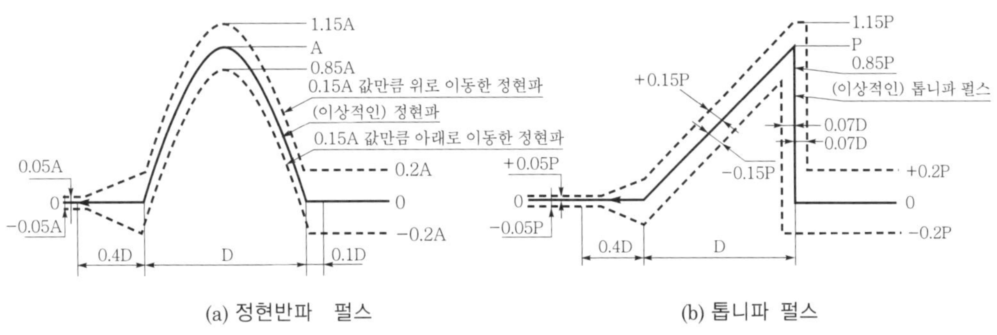

● 그림 3-31 MIL-202F 규격 충격 공칭파 ●

그림 3-31의 거의 중심부에 펄스가 위치하고 약 3D 길이의 시간을 반드시 포함하며, 속도 변화를 구하기 위한 적분은 펄스의 0.4D 전부터 펄스를 넘어서 0.1D까지 반드시 연장해 실행해야 한다고 규정되어 있다.

(5) 충격시험의 강도에 대해

각 충격시험의 강도는 가하는 펄스의 내용에 따라 정해지는데 그 내용의 규정은 다음과 같다.

① **펄스 파형**

정현반파·톱니파·대형파

② **피크 가속도**

펄스 파형 중 최대 가속도 피크 값, JIS 규격에서는 $50\sim30,000\text{m/s}^2$

③ **펄스의 작용시간 (dimension)**

메인 펄스의 시작부터 끝의 수속점(종점)까지의 시간간격을 펄스의 작용시간으로 한다. JIS 규격에서는 0.2~30ms.

④ **충격 횟수 (범프시험)**

JIS 규격 C 0042에서는 1방향당 범프 횟수는 다음에 따른다.

100 ± 5회　　$1,000\pm10$회　　$4,000\pm10$회

공시품에 가하는 시험의 엄격함 및 충격펄스 파형은 공시품의 수송 중 또는 동작 중 어느 환경 혹은 시험의 목적이 구조상의 평가라면 설정요구에 포함된 환경조건에 근접한 엄격함과 펄스 파형으로 실행할 필요가 있다.

수송환경이 동작환경보다 가혹한 경우가 있는데, 이런 경우 시험의 엄격함은 수송환경에 맞추어 선택한다. 공시품은 수송환경에 견뎌야 할 뿐만 아니라 동작환경 속에서 제대로 기능해야만 한다. 양쪽 조건에서 시험을 실시하고, 수송환경 시험 후의 각종 파라미터 측정과 동작환경에서의 시험 중 동작확인이 필요하다.

특히, 자동차와 자동차 부품 및 차재기기에 대해서 도어의 개폐, 주행 중 요철 통과, 고속주행에서의 급격한 감속과 커브주행 등의 충격성 동작환경에 대한 평가가 필요하다. 충돌 시의 안전 동작 장치 등에 대해서는 단순한 평가내구시험만이 아닌 인명에 관한 안전 동작 확인을 위한 가혹한 내구성과 안전작동에 대한 엄격한 전수검사를 실제 환경 이상으로 실시하고 있다. 후술하는 ISO 16750 기계적 부하시험의 시험사례로서 자동차의 도어 개폐 시의 충격시

험에 대한 시험내용과 피로시험 대상품이 소개되어 있다.

충격파형의 선택에는 일반적으로 정현반파(half sine)가 사용된다.

① 완충 포장된 부품·제품 등.

② 탄성구조물에의 충돌에 대한 영향, 이동 중(일반적으로는 주행 중으로 생각함)에 급격한 감속에 의한 충돌(추돌)의 영향.

③ 정현반파 이외·톱니파·대형파도 포함하여 사용 중 또는 수송 중에 받는 충격응답 스펙트럼에 근접한 파형 스펙트럼을 채용한다.

(6) 충격가속도와 작용시간

구체적인 제품에 대해서 참고로 충격가속도와 작용시간을 소개한다.

① 텔레비전·조명기구·계기는 가속도 $100{\sim}500\text{m/s}^2$ 작용시간은 $10{\sim}160\text{ms}$

② 일반 통신기·전기계기, 가속도 $1000{\sim}3000\text{m/s}^2$ 작용시간 $20{\sim}100\text{ms}$

③ 포장화물·가전제품, 가속도 $50{\sim}100\text{m/s}^2$ 작용시간 $6{\sim}60\text{ms}$

④ 차재기기(도어 개폐와 주행 시), 가속도 $300{\sim}500\text{m/s}^2$ 작용시간 $6{\sim}11\text{ms}$

⑤ JIS 규격에 의한 피크 가속도와 펄스의 작용시간 및 충격횟수(범프시험)

피크 가속도는 펄스 파형 중 최대 가속도 피크 값이 JIS 규격에서는 $50{\sim}30,000\text{m/s}^2$, 펄스 작용시간(dimension)은 메인 펄스의 시작부터 수속점(종점)까지의 시간간격을 펄스의 작용시간으로 한다. JIS 규격에서 $0.2{\sim}30\text{ms}$ 충격횟수(범프시험)는 JIS 규격 C 0042에서는 1방향당 범프횟수 $100{\pm}5$회, $1,000{\pm}10$회, $4,000{\pm}10$회라고 되어 있다.

펄스의 가속도와 작용시간에 대해서 (JIS C 0041에서) 표 3-3에 나타냈다.

● 표 3-3 펄스의 가속도와 작용시간 ●

피크 가속도 (A)	공칭펄스 작용시간 (D)	속도변화(ΔV)		
		정현반파 $\Delta V = (2/\pi)AD \times 10^{-3}$	톱니파 $\Delta V = 0.5AD \times 10^{-3}$	대형파 $\Delta V = 0.9AD \times 10^{-3}$
m/s^2	ms	m/s	m/s	m/s
50	30	1.0	–	–
150	11	1.0	0.8	1.5
300	18	3.4	2.6	4.8
300	11	2.1	1.6	2.9
300	6	1.1	0.9	1.6
500	11	3.4	2.7	4.9
500	3	0.9	0.7	1.3
1,000	11	6.9	5.4	9.7
1,000	6	3.7	2.9	5.3
2,000	6	7.5	5.9	10.6
2,000	3	3.7	2.9	5.3
5,000	1	3.1	–	–
10,000	1	6.2	–	–
15,000	0.5	4.7	–	–
30,000	0.2	3.7	–	–

(7) 보상파를 추가한 경우의 속도와 변위의 최대값 변화에 대해서

충격진동제어에서는 쇼크파(임펄스 혹은 단시간의 랜덤 신호)를 진동발생기에 가하여 제어점의 계측신호와 발생신호를 비교해 전달함수와 그 위상관계를 구하고, 제어점의 충격파가 목표치가 되도록 입력파형이 될 보상파를 작성하여 파형을 재생하고 있다. 따라서 JIS·MIL 규격에서는 보상파 작성의 허용범위가 다르기 때문에 충격시험의 설정치에 대한 작성방법도 달라진다고 생각할 수 있다. 정현반파의 가속도 파형에서 속도와 위상의 변화에 대해 다음과 같이 구할 수 있다. 가속도 파형을 시간적분하여 얻어지는 속도파형의 시작과 끝의 속도 차가 속도변화 ΔV(Vel)이고, 속도파형을 더욱 시간적분하면 변위변화 ΔX(Displ)를 구할 수 있다.

정현반파 : $\Delta V = (2/\pi)AD$로 속도변화를 구할 수 있다.

　　　　 : $\Delta X = (1/\pi)AD^2$으로 변위변화를 구할 수 있다.

　　　　 : 또한　　　A : 피크 가속도 값 m/s^2　　　D : 작용시간 s

위의 식에서 정현반파 가속도 $300m/s^2$, 작용시간 18ms의 ΔV와 ΔX를 구하면,

$$\Delta V = (2/\pi)300 \times 0.018 = 3.44 \ m/s$$

$$\Delta X = (1/\pi)300 \times (0.018)^2 = 30.95 \ mm$$

가 된다.

이 속도와 변위의 문제를 처리하여 제로 기준 레벨로 수렴시키기 위해 제어기 내의 충격 소프트로 특별한 보정을 실행하고 있다. 이 보정의 개념은 JIS의 정현반파로 생각하면, 프런트(front)와 리어(rear)에 가해지는 $\pm0.2A$와 2.5D 사이의 허용한계를 이용하여 이 허용차로 수렴하도록 보정제어를 실행하는 것이다. 이 「보상파 작성 알고리즘이 충격시험 제어 소프트의 노하우」를 이루고 있다.

보상파를 부가한 정현반파에서 가속도 $300m/s^2$, 작용시간 18ms에서 속도의 변화를 플러스와 마이너스로 균등하게 배분하도록 지정하여 제어하면, 공칭파의 속도변화 $\Delta V = 3.44m/s$에 대해 속도의 최대값은 1.72m/s가 되고, 속도의 최대값 1.72m/s의 속도변화 ΔV에 대한 비는 0.5, 변위변화 $\Delta X = 30.9$에 대해 최대변위는 $43.5mm_{p-p}$가 되어, 변위의 최대값 43.5에 대한 변위변화 ΔX에 대한 비는 1.41이 된다.

(8) 전동형 진동시험기에 의한 충격시험의 제어방법에 대해

정현반파(half sine)의 JIS 규격 파형으로 충격을 진동대에 가했을 때, 목표 가속도파형에 대한 속도파형의 궤적·변위파형의 궤적에 대한 검증을 그림 3-22에서 실행한다.

정현반파의 가속도파형은 시동을 시작한 후 6ms에서 가속도 피크가 되고 12ms에서 제로 레벨로 수렴하지만, 이때의 가로축인 시간축에 대해 세로축 가속도 값이 변화하는 비율이 속도의 변화가 된다. 속도변화를 그림으로 그리면 가운데에 있는 속도변화도가 된다.

속도는 12ms에서 최대가 되고 그 값이 영구히 지속된다. 이 속도의 변화를 통해 변위의 변화를 생각하면 6ms부터 서서히 변위가 증가하는데, 속도가 계속 증가하는 한 변위도 계속 증가한다. 진동시험기에는 변위의 한계가 있어 이대로라면 항상 진동대는 스톱퍼에 충돌하고 장치는 오버트러블이 동작하여 정지한다.

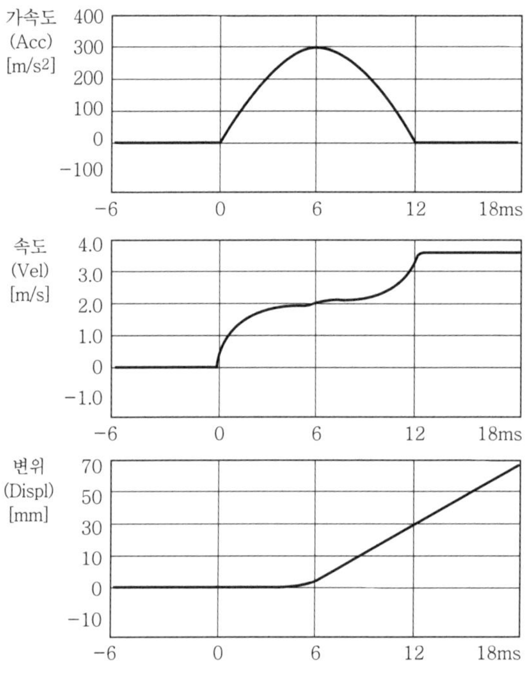

정현반파 300m/s, 12ms인 가속도 · 속도 · 변위의 과도특성

● 그림 3-32 목표 가속도파형에 대한 속도파형의 궤적 ●

이 속도와 변위의 문제를 처리하여 제로 기준 레벨로 수렴시키기 위해서 각 제어기 내에서 특별한 보정을 실행하고 있다. 그 내용에 대해서는 (5)항에서 이미 설명하였다.

랜덤제어에서는 랜덤신호를 진동발생기에 가해 제어점의 랜덤진동을 검출하고, 그 계측신호와 발생신호로부터 광대역 주파수 범위의 진동계 전달함수를 구해 랜덤시험의 **PSD** 제어를 수행하고 있다. 하지만, 충격진동제어에서는 진동발생기에 쇼크파(임펄스 혹은 단시간의 랜덤신호)를 가해 제어점의 계측신호와 발생신호를 비교하고, 전달함수와 그 위상관계도 구하여 제어점의 충격파가 목표치가 되도록 입력파형과 보상파를 작성하여 파형을 재생하고 있다. 그러므로 **JIS·MIL** 규격에서는 보상파 작성의 허용범위가 다르기 때문에 충격시험의 설정치를 작성하는 방법이 달라진다고 생각할 수 있다.

(9) 전동형 진동시험기와 기계식 충격시험기와의 일반적인 사양비교

최근에 와서 진동제어기의 디지털 제어기술이 진보함에 따라 각종 진동파형을 재현할 수 있게 되었고 충격파형의 제어도 가능하게 되었다. 이 소프트를 사용하여 전동형 진동시험기로 진동시험과 충격시험이 가능해졌으며, 치구 등의 제작비용과 단계별 시험공수가 기계식 충격시험기에 비해 상당히 절감되었다. 간단한 비교를 표 3-4로 나타냈다.

● 표 3-4 전동형 진동시험기와 기계식 충격시험기의 일반적 비교 ●

항목	전동형 진동시험기	기계식 충격시험기
파형성능	고도로 제어하여 재생	IEC의 허용정밀도 내
최대가속도값	정현반파 : 2,000m/s^2	정현반파 : 6,000m/s^2
최대속도변화값	2~4m/s	7~8m/s
작용시간	최대 속도변화와 최대변위에 의한 제한이 있다.	정현반파 : 2~18m/s
최대변위	51~100mm$_{p-p}$	최대속도변화와 작용시간에 의한 제한이 있다.
파형제어방법	디지털 파형제어	파형, 작용시간으로 패드 교환

충격(shock) 시험에 사용할 진동시험기로 가능한지 아닌지는 충격용 정격이 시험장치의 한계 내인지 확인하는 것이 중요하다. 확인할 것은 다음과 같은 3가지 항목이다.

① 피크 가속도

충격파 정격 가진력에서 구한(충격 정격 가진력/가동부＋치구＋시료의 질량) 피크 가속도

② 속도의 최대값

③ 변위의 최대값

5. 기타 진동시험

(1) 단축(單軸)진동기 단체(單體)진동시험

① 수직 진동시험

진동발생기 가동부 진동테이블에 직접 혹은 치구 및 보조진동대에 시료를 고정하여 수직 진동을 가한다. 진동제어점은 가동부에 장착된 제어용 픽업 또는 가동부 상면이나 치구, 보조진동대 또는 시료에 장착된 제어용 픽업으로부터의 계측신호에 의해 수행한다. 계측점을 다채널로 준비하여 각 계측점의 평균값 또는 최대값·최소값을 제어값으로 하는 다채널 제어 시험이 실시될 때도 있다. 진동시험 중의 수직진동성분 이외의 횡진동은 진동발생기에 들어 있는 상하 축수에 의해 진동축이 흔들리지 않도록 지지되어 있다.

② 수평 진동시험

진동발생기 본체는 수평 진동대를 받치는 공통 프레임에 고정하고, 진동발생기 본체를 트라니온에 연결한 지지축의 잠금 기구를 느슨하게 해 진동축을 90도 회전시켜 수평 진동대와 가동부를 연결 축으로 고정하여 수평 진동대 및 장착된 시료에 진동을 가한다. 제어점은 일반적으로 수평진동대 끝에 장착된 제어용 픽업에 의해 수평진동이 제어된다.

진동시험 중 수평진동 이외의 진동성분은 수평 진동대를 받치는 축수기구에 의해 진동축이 흔들리지 않도록 지지되어 있다.

③ 관성력 진동시험

관성력 진동시험에는 일반적으로 소형진동 발생기(마이크로 셰이커)가 사용된다. 진동발생기의 가동부는 시료에서 진동을 가하고 싶은 부분, 혹은 진동을 전달하고 싶은 장소에 고정한다. 진동발생기 본체는 고무벨트·로프 등으로 들보 같은 것에 매다는 것이 일반적인데, 진동을 전달하는 가진력이 필요한 것이 아니라 어느 정도까지의 진동을 폭넓은 주파수 범위로 전달하여 시료가 어떻게 진동하는지 공진이나 진동모드 등을 계측하는 것이 주된 목적이다. 시료에서 진동제어점을 구하지 않고, 시료와의 접속축에 장착된 가속도와 힘 센서가 주파수 범위에서 어떻게 전달되는지 전달함수를 구함으로써, 시료의 기계 임피던스 등을 얻을 수 있다. 이런 방법에 의해 비행기의 날개 부분과 같이 크고 완만하며 가벼운 중요 부품의 진동특성을 계측할 수 있다.

④ 복수 단축진동기 가진시험

수직 및 수평 진동시험에서 시료와 보조진동대가 큰 경우에 채용된다. 큰 가진력을 가진 진동발생기를 제작하기 위해서는 정해진 한도(30ton.f)가 있는데, 전동형 진동발생기에 있어서 구조상(주로 구동코일을 포함하는 가동부의 대구경에 의한 축공진의 저하) 대형기의 상한 진동수는 제약된다. 무엇보다도 어느 정도의 가진력 이상(3~4ton.f 이상 수냉형)은 급격하게 기술적인 난이도가 높아져서 가격이 상승하며 전력의 소비효율도 나빠진다. 약 20년 전에 복수의 진동발생기를 동일 위상에서(180도 반전에서도) 제어운동을 가능하게 하는 제어기술이 확립된 이후에 수직뿐만 아니라 수평시험에서도 보조진동대의 양쪽에 진동기를 배치하여 (탠덤가진 Tandem이라고 부른다) 180도 위상을 변경해 가진할 수 있게 되었다. 수직인 경우에는 동일한 진동발생기가 2대 또는 4대가 사용되지만, 수평인 경우에는 A, B, C 3대가 사용될 때 A, B가 동일한 기종으로 병행하여 사용되고, C는 A, B의 2배 가진력으로 반대쪽에 장착되어 가진력의 균형을 잡는 홀수의 조합으로 구성되는 경우도 있다.

⑤ 원 테이블 수직/수평 전환시험

이것은 (2)항과 같은 복수의 단축진동기를 사용한 장치이지만, 다축진동기가 아직 고가이며(현재도 싸다고 할 수는 없다) 기술적인 과제가 많고, 사양 면에서도 진동주파수가 200~300Hz 한도, 가진력도 3ton.f이던 시절에(15~20년 전) 기계식 진동시험장치로는 진동시험의 패턴이 수송시험으로도 불충분하여 텔레비전 등 가전제품의 수송시험용으로 가전업계에 도입되었다. 대형 진동대 아래에 수직용 진동기가 설치되고, 진동기 가동부와 진동대는 큰 판 스프링으로 연결되어 판 스프링을 매개로 수직진동이 전달된다. 판 스프링의 방향은 수평진동용 진동기가 연결되는 방향으로 하고 스프링에 유연성이 생기도록 배치된다. 수평용 진동기의 가동부는 봉 스프링에 의해 연결되고, 수평진동을 진동대에 전달하여 상하의 수직진동은 봉 스프링의 유연성에 의해 피하도록 고안되어 있다.

⑥ 다축 진동시험

다축 진동시험은 아래 시험방법이 가능한지에 따라 분류된다.

- 2방향 전환시험(일반적으로 수직과 수평의 전환)
- 3방향 전환시험(수직 Z와 수평 X, Y의 전환)
- 2방향 전환 및 동시시험
- 3방향 전환 및 동시시험

진동대(다축일 경우에는 가동부 자신이 진동부로 각 진동기는 연결축으로 접속되어 있다)의 크기(250mm~1500mm각)에도 의하지만, 저주파수용(50~100Hz까지), 중주파수용(200~300Hz까지), 고주파수용(500~1500Hz까지) 시험으로 나뉘고 저주파, 중주파에서는 큰 스트로크($100mm_{p-p}$ 이상)와 일반 스트로크($30~50mm_{p-p}$까지)로 나뉜다. 가진력은 200kg·f에서 8,500kg·f가 일반적으로 제작되고 있다. 진동기 메이커에 따라 다르지만, 기본적으로 진동기와 진동대를 연결하는 높이와 거리(상한주파수와 크로스 토크에 영향)의 제약이 있어 단축진동기와는 진동발생기 본체의 구조가 상당히 변경되어 있다. 축 전환 시험만이라면 일반 컨트롤러로 시험제어가 가능하지만, 2~3방향 동시시험인 경우에는 일반 단축단방향과는 제어정보의 처리가 달라 컨트롤러 제어 내용이 대폭 바뀌며, 다축 동시시험용 고도의 제어 소프트웨어가 필요하고 기종이 한정된다.

다축 진동대에서는 각 축방향의 진동이 다른 축에 영향을 준다. 진동대의 수직·수평의 각 방향에서 상대 축으로 어떻게 진동이 전달되는지는 상호 전달함수에 의해 결정된다. 알기 쉬운 예로 회전체 로터의 관성 모멘트와 충격중심의 관계에 대해 알아본다.

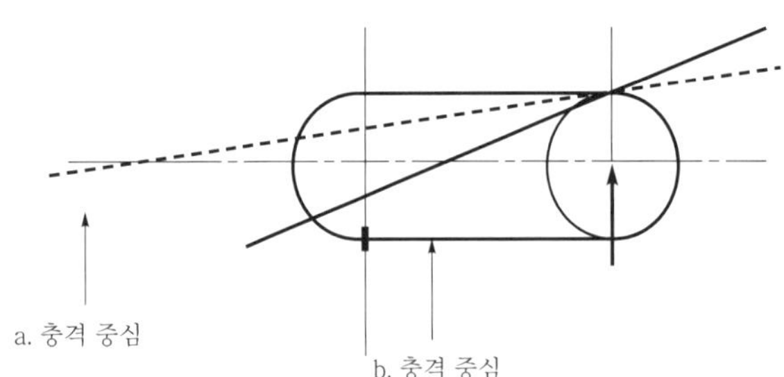

● 그림 3-33 관성 모멘트와 충격중심의 관계 ●

다축 동시 진동시험에서 수직 가진된 진동이 수평축인 X, Y로의 관성 모멘트가 다른 경우에는 이러한 일이 일어날 수 있다. 이들의 상호 간섭되는 전달함수를 구해서 상호 축진동의 영향을 제어하지 않으면, 각 축의 진동성분이 목표 진동값대로 가해지지 않게 된다.

고도의 다축 동시 진동시험용 제어장치(컨트롤러)는 사인/랜덤/쇼크 및 실파형 재생과 진동시험에 필요한 각종 진동파형들의 제어 소프트웨어가 대용량 고속 컴퓨터에 탑재되면서 가능해졌다. 하지만 다축 동시 진동시험의 제어는 이들 범용 디지털 컨트롤러와는 분명히 구분된다. 이 시험에 필요한 제어 알고리즘은 각 축의 진동이 진동테이블 상에서는 X, Y, Z가 교착하지만 각 축의 진동모드는 동일하지 않고, 각 진동축은 다른 축에 영향을 동적으로 가하지 않는 충격중심에서 교착하지 않는다. 따라서 3방향 동시진동시험을 수행할 때를 예로 들면, X축 진동은 Z, Y에 자기 자신의 진동이 어떤 전달함수로 영향을 주고, 또한 Z 및 Y의 영향도 받는 것이 된다. 랜덤시험의 경우, 그 시험패턴으로 설정된 주파수 영역의 전달함수를 계측하고, 각 축에 대한 보정이 필요하게 된다. 3방향 동시진동시험의 경우에는 3×3 가지의 상호 전달보정을 수행하는 것이 된다. 그러므로 2축 3축 동시시험으로 실시되는 랜덤시험과 실파형 시험이 자동차업계에서 수행되고 있지만, 그 시험의 엄격성에서 정현파 소인시험은 실시되지 않는다.

이상에서 이러한 컨트롤러는 단축 컨트롤러에 비해 약 3배 이상의 계측·해석·실효의 스피드와 용량 및 동시 가진제어에 대한 고도의 고유 소프트웨어 지식이 필요하게 된다.

이 항의 마지막에 다축 진동시험기의 필요성에 대해서 설명한다.

진동시험의 대상이 되는 기기가 탑재되고 고정되는 설치 장소는 여러 가지로 생각할 수 있는데 실재하는 진동은 다차원적이고 제품·부품의 진동특성(공진·반공진 등)은 각 축진동 방향에 따라 달라지며 항상 동일하지 않은 것이 일반적이다. 또한 기기가 소형인 경우 이외에는 장착 상태의 진동을 수직 보조진동대·수평 진동대에서 균일하게 시험하기 위해서 숙련된 치구 제작기술이 필요하며, 세팅에도 상당한 경험과 노력 및 안전대책이 요구된다. 이런 경험과 진동축을 전환하는 수고가 필요 없으며 안전하게 규칙적인 수직 수평 시험을 실행할 수 있다는 것이 사용자의 최대 메리트이다.

⑦ 다점 진동시험

복수단축 진동시험과의 차이에 대해서 살펴보면, 하나의 대형 진동대 또는 치구, 때로는 대형 시료 자체에 특수한 연결축수를 매개로 단축진동기의 가동부를 접속하고, 각 접속점을 고도의 제어기술을 통해 진동위상을 제어함으로써, 항해 시 배가 받게 되는 피칭(pitching)·요잉(yawing)의 재현같이 복잡하고 입체적인 진동시험을 수행하는 것이다. 그 밖에는 소형 진동기를 여러 개 준비해 비행기 날개에 장착하고, 각 진동기의 진동주파수의 위상을 변경해 지상에서 비행 시의 날개의 공진모드 시험의 재현에도 이용된다.

3-5 각종 진동시험 방법

1. 정현파 소인 진동시험의 시료응답

공시체에 대한 정현파 소인 진동시험에 대해 그림 3-34에 나타낸 진동시험 시스템에서 진동시험 방법과 공시체의 움직임에 대해 설명한다. 진동제어기(컨트롤러)는 진동주파수 $f_1 \sim f_2$Hz까지 소인시간 T초로 진동주파수를 계속 소인하고, 제어용 가속도 센서(A)에서 진동발생기 가동부의 가속도를 일정 가속도 A(G 또는 m/sec² 단위)가 되도록 클로즈 루프제어[진동발생기에 공시체 부하가 장착된 상태의 진동특성을 보정 제어한다]를 한다는 것을 나타낸다.

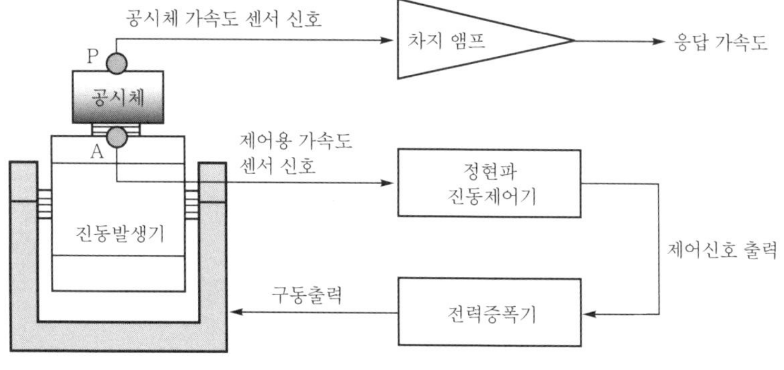

● 그림 3-34 정현파 소인 진동시험 시스템 ●

이 때, 공시체 상의 P점의 진동가속도(일반적으로 응답가속도라고 불린다)는 그림 3-35 와 같이 공시체 상(P점)의 응답을 나타낼 수 있다.

공시체 상의 P점의 응답가속도(스펙트럼)는 제어레벨 A점에서 크게 벗어나는 경우가 발생하는데, 이것은 진동주파수 $f_1 \sim f_2$Hz 사이의 공시체 P점의 진동특성을 나타내고, 일정 레벨 A를 초과하는 진동수의 전 시간이 공시체 P점의 파괴에 크게 관계하고 있다고 생각할 수 있다. 정현파 소인 진동시험의 경우, 대수 소인 T초로 A′를 초과하는 공시체 공진점 f_3, f_5는 비교적 높은 주파수에서 발생하며 전체 시험 시간 T에 대해서는 노출되는 시간은 적다고 할 수 있다.

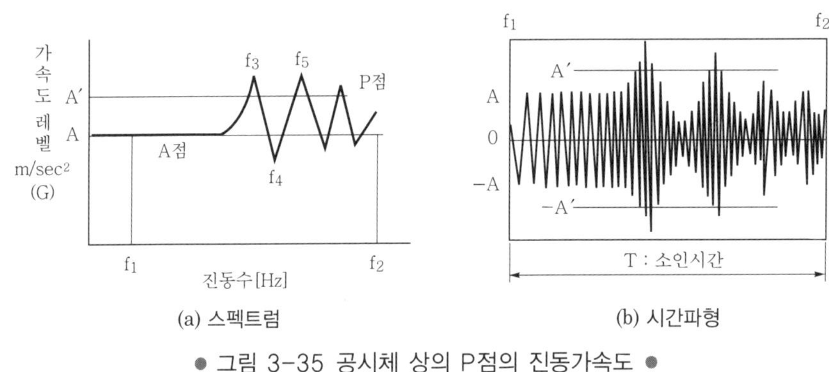

● 그림 3-35 공시체 상의 P점의 진동가속도 ●

다음으로 정현파 소인 진동시험에 중요한 진동성분과 진동에너지에 대해서 설명한다.

진동에너지가 큰 진동은 「변위와 속도가 모두 큰 진동」이라고 할 수 있다. 가속도가 크다고 반드시 에너지가 크다는 것을 의미하지 않는다. 왜냐하면, 예를 들어 가속도가 같더라도 주파수가 1/10로 낮으면 속도는 10배가 되고, 변위는 100배가 되기 때문이다. 가속도는 「힘」에는 비례하지만, 변위가 작으면 가하는 에너지에 대한 기여는 작아진다. 이 사실은 공시품이 가지는 다양한 공진점에서 외부로부터의 충격 또는 진동으로 공진이 발생하면, 그 공시점에서 진동에너지는 변위·속도 모두 극대가 된다고 여겨지며 진동에너지는 극대가 된다. 공시품의 피로파괴는 공시품 내의 조립부품에 의한 공진에 의해 그 부품 또는 지지하는 부분에 가장 발생하기 쉽다고 할 수 있다.

2. 랜덤진동시험의 시료응답

[공시체에 대한 랜덤진동시험에 대해서]

그림 3-36에 나타난 진동시험 시스템에서 랜덤 시험방법과 공시체의 움직임에 대해 생각해본다.

랜덤인 진동시험용 스펙트럼은 f_1~f_2까지의 그림 3-37에 나타낸 진동패턴으로 가진한다. 이 때 공시체 P점의 응답가속도 스펙트럼은 f_1~f_2까지의 진동성분이 동시에 가진되고, f_3과 f_5의 공시체 P점의 공진점 피크가 동시에 여진된다. 공시체 P점의 응답은 그림 3-37에 나타낸 공시체 상의 응답과 같이 생각할 수 있다.

시간파형에서 보이는 것과 같이 시험시간의 사이 f_3과 f_5의 공시체 P점의 진동성분이 A′를 넘는 상태는 항상 일어나고, 서로의 공진의 영향을 받으면서 진동하고 있다고 생각할 수 있다. 이렇게 정현파 소인 시험에 비해 단위시간 내에 A′ 이상의 진동에 노출되는 기간이 많고, 서로 공진 시의 진동영향을 받으며 진동함으로써 정현파 소인시험에 비해 공시체에 대해 가혹한 시험이라는 것을 알 수 있다.

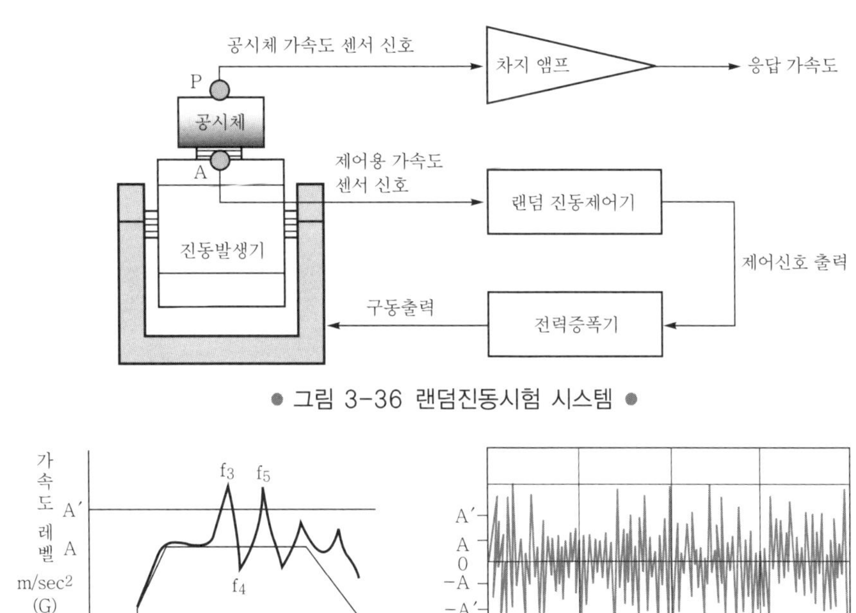

● 그림 3-36 랜덤진동시험 시스템 ●

● 그림 3-37 공시체 P점의 응답 ●

3. 정현파 진동시험과 랜덤진동시험의 차이

진동시험은 수송 중 또는 사용 중에 노출되는 진동환경에 대해 제품이 「풀림, 뒤틀림, 피로 및 동작불량이 발생하여 접촉 불량, 단선」 등이 일어나는지를 검출하는 사전평가 시험방법이다. 사용되는 진동파형은 정현파·랜덤·충격·실파형이 있지만, 대표적으로 사용되고 있는 정현파와 랜덤진동시험의 특징을 비교한다.

시험의 시간영역의 진폭확률밀도 P(X)의 차이와 주파수 영역의 진동성분의 차이의 비교를 그림 3-38에 나타냈다. 정현파 시험은 주파수를 고정하거나 특정 주파수 범위를 소인하는 방법이 일반적으로, 가속도와 변위의 진동레벨 시험이 실시된다. 공시품의 응답은 공진과 일치했을 때에는 랜덤진동보다 큰 값이 된다. 랜덤진동시험은 가속도의 스펙트럼 밀도와 주파수 대역을 지정하여 실시한다. 진동레벨은 스펙트럼 밀도와 주파수 대역의 랜덤 스펙트럼으로 규정한다. 공시품의 응답은 동시에 모든 공진이 여기된다.

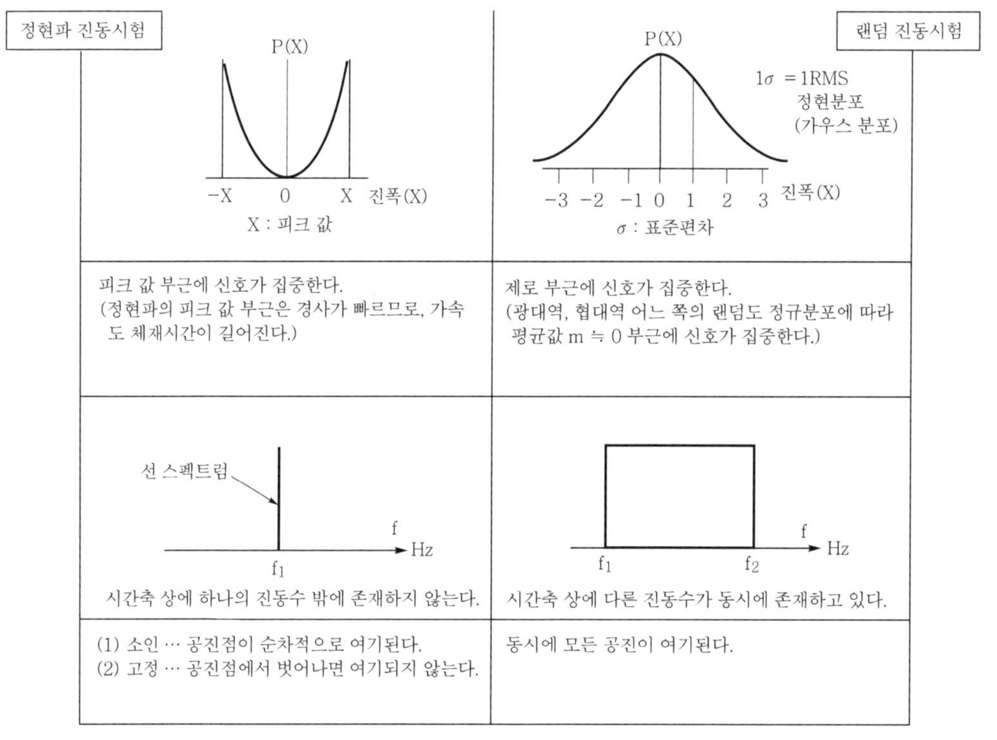

● 그림 3-38 정현파와 랜덤진동시험의 특징비교 ●

4장
복합환경 신뢰성시험

먼저, 시험장치의 진보는 각 제품 분야마다 시장의 니즈에 의해 개발되는 신제품과 같이 구분된 업계마다 기술의 진보가 있었고, 계속해서 국내의 기술동향과 발전에 의해 산업의 영향을 받았다. 최근에는 생산과 시장의 글로벌화가 진행되어, 좋든 싫든 간에 시험방법과 시험장치도 영향을 받게 되었다.

업계별 신뢰성의 영향과 향상에 대해서는 미국의 우주 개발 기기의 평가에서 개발된 기술로서 FMEA(Failure Mode and Effects Analysis), FTA(Fault Tree Analysis) 등이 제품의 품질관리의 중요성에 있어서 인식되어 일반산업에 폭넓게 보급되었다.

또한, MIL 규격의 전래는 일본 국내에서 비약적으로 신뢰성이 향상하는 계기를 가져왔다. 국제적인 ISO로 대표되는 환경관리, 안전문제, 리사이클화와 세계적인 규제가 진행되어, 최근에는 IEC 규격의 JIS화가 중요시되고 있다. 한편으로는 PL법에 의한 제조물책임법이 실시되어 ISO-14000에 의한 환경부하 저감대책을 포함해 환경 신뢰성시험의 중요성이 증가하고 있다.

개발품 및 용도가 확대된 제품과 부품에 대해서는 그 상품이 받는 환경에서의 신뢰성과 안전성의 평가가 중요해지고 있다. 고장이나 불량이 발생한 상품은 그 상품을 사용한 환경을 재현해 불량 원인의 조사와 분석을 실시한다. 실제로 받는 환경 스트레스의 종류와 내용을 분석하여 낱낱이 분해, 단순화하여 요인별로 평가하는 것이 일반적이지만, 이들의 단순화된 요소의 대수합이 실환경의 작용이라고만은 할 수 없고, 상호 작용이나 다른 작용과의 복합된 인자가 복잡하게 중복되어 발생하는 것이 현실이다. 또한 경년변화 후에 외부로부터의 각종 진동성분의 영향에 의한 불량 내용 조사도 중요해지고 있다.

1. 신뢰성시험의 개념

다음은 신뢰성 기술의 연혁에 대해 잠시 알아보기로 한다. 신뢰성 기술이 일본 국내기업에 도입된 지 약 60년, 기술의 발전에 따라 복합화된 제품이 고집적 고밀도화 되었고, 휴대전화처럼 고기능화 제품들이 증대되었다. 아래에 신뢰성의 발전과 변천에 대해서 다루었다. 제2차 세계대전 중에는 전자기술의 신뢰성이 낮아 장치의 고장이 늘었고, 전장에서의 신뢰성 기술의 필요성이 높아졌다.

① 1963년 미국에서 VTDC(Vacuum Tube Development Committee)가 발족하여 군산(軍産) 일체가 되면서 가혹한 환경조건 아래에서의 고신뢰관(High Reliable Tube)이 개발되었고 Reliability라는 말이 정의되었다.

② 1950~1953년 한국전쟁에서 제트기에 탑재된 전자장치의 고장이 다발하여 국방성의 연구자문 그룹 AGREE(Advisory Group on Electronic Equipment)가 발족했다.

③ 1960년대에 FMEA, FTA의 기초가 완성되고, 국내에 전자통신학회(현, 전자정보통신학회)에 신뢰성연구 전문위원회가 생기고, 1965년에 IEC(국제전기표준회의)에 신뢰성·보전성 기술위원회 TC56이 설립되었다.

④ 1970년대에 IEC에서 전자부품의 품질국제인증문제가 발생하여 1973년에 일본전자부품 신뢰성센터가 발족되었고, 또한 컴퓨터의 발전과 함께 FTC(Fault Tolerant Computing) 심포지엄과 소프트웨어의 신뢰성이 중요시되었다.

⑤ 1980년대에 국제거래향상 IECQ제도(IEC 전자부품인증제도)가 발족되어 전자부품의 상호인증으로 발전한다.

신뢰성의 발전과 변천에 대해서 간단히 연대별로 해외와 일본을 대비하여 표 4-1에 나타냈다.

개발품 및 용도가 확대된 제품, 부품에 대해서는 그 상품이 받는 환경에서의 신뢰성과 안전성 평가를 실시한다. 고장 및 불량이 발생한 상품은 그 원인으로 추정되는 사용환경을 재현해 불량원인의 조사와 분석을 실시한다. 실제로 받은 환경 스트레스의 종류와 내용을 분석해 각각을 분해, 단순화해 요인별로 평가하는 것이 일반적이지만, 이러한 단순화된 요소의 대수합이 실제환경작용이라고는 할 수 없으며, 상호작용이나 다른 작용과의 복합된 인자가 복잡하게 얽혀있는 것이 현실이다. 또한, 시간변화 후에 외부진동성분 영향에 의한 불량내용조사도 중요해지고 있다.

연대	외국	일본
1946		일본규격협회 창립
1947	ISO 발족	일본과학기술연맹 창립
1954	제1회 신뢰성 심포지엄	전기학회에서 고신뢰관의 조사·연구개시
1957	스푸트닉 1호 발사 성공(소련)	고신뢰관 시험법 위원회
1961	아폴로 계획 시작, MIL STD756 신뢰성 예측	일본전자공업진흥협회 신뢰성분과회 발족
1962	제1회 신뢰성·보전성 컨퍼런스	신뢰성문헌위원회 발족(일본과학기술연맹)
1965	IEC/TC56(신뢰성) 도쿄회의 개최	아가노강 수은오염
1968	Ralph Nader의 결함 차 문제 발생	공업기술원 신뢰성 개발실 발족
1969	아폴로 11호 달 착륙 성공	우주개발사업단 설립
1971	제1회 FTC 심포지엄 개최	제1회 일과기련 신뢰성 심포지엄
1973	컴퓨터 소프트웨어 신뢰성 심포지엄	일본전자부품신뢰성센터(RCJ) 설립
1976	IEC 전자부품 인증제도 발족 IECQ제도 발족(전자부품인증제도)	신뢰성기술협회(REAJ) 발족
1988	IEC/TC56(신뢰성·보전성)도쿄회의 개최	제1회 R&M 심포지엄 개최 신뢰성 도쿄회의개최기술협회

2. 필요성의 배경

많은 제품 및 부품이 산업기기로서 각종 물류를 통해 반입·설치·운전되고, 혹은 일반 소비자 개인에게 운반되어 사용되고 있다. 이 물류 및 설치 후 사용되는 과정에서 다양한 중요 문제들이 발생하며, 이 문제는 「복합된 물류환경·사용환경과 제품이 가진 내부 특질의 상호 간섭」에 의해 일어나는 경우가 많다고 여겨진다.

- 제품, 부품의 사용환경 확대.
- 중요한 시장 불량은 복합환경에서 일어난다.
- 개발기간의 단축과 비용 절감.
- 시장의 글로벌화에 의한 시장환경 확대.
- 시장의 글로벌화에 의한 생산공장의 확산.
- 시장의 글로벌화에 의한 부품 조달의 다양화.
- ISO-14000 등의 규제와 제도에 대한 기업의 대응력 강화.
- 제품의 라이프 사이클 내에 있어서의 「마모고장」 이후의 「쇠퇴기의 안정성」 확인.

- 제품·부품의 신뢰성이 매우 향상되어 고장이 적어지게 되었다. 하지만 시장에서 불량이 발생하면 그 대응 및 원인 검토에 막대한 비용이 소요되며 소비자의 불신감을 불식하기가 힘들다.

이상과 같이 개발에서 생산 그리고 판매에 이르는 시장 확대에 대해 기업으로서의 리스크 절감이 필요하고, 시장에서 사용환경의 변화를 먼저 파악하는 대응력이 불가결하게 되었다.

4-2 고장과 시험조건

1. 신뢰성시험의 구축

일반적인 환경시험과 특별히 차이는 없지만 복합환경시험을 진행할 때, 불량과 고장품을 구분하는 신뢰성시험의 판단에 필요한 정보와 시험조건 및 시료의 계측에 대해 충분한 지식과 판단능력을 필요로 한다.

- 평가할 시료를 어떤 환경 하에 방치하는 것뿐만 아니라 전압과 신호를 가해 기기와 부품을 동작시킨 상태에서 동작특성을 평가한다.
- 내구평가시험 전후 및 시험 도중에 시료의 전기적 특성과 물리적 특성을 계측하고, 시료에 주어지는 환경의 영향에 대해 평가한다.
- 고장이나 문제가 발생한 시료에 뜻하지 않게 마주칠지도 모를 사용환경을 재현하여 가하고, 다시 개량품으로 사용환경을 시뮬레이션하여 개량방법을 평가한다.

이렇게 제품·부품의 신뢰성시험에 의한 시료에의 물리적 접근에 의해 정상인 시료와 불량이 발견된 시료에 대해 시험 데이터를 통한 분석이 필요하게 된다. 이 해석에 요구되는 수단으로는 다음과 같은 사항들을 생각해볼 수 있다.

불량품의 고장 해석에 의해 고장 원인을 밝혀내기 위한 필요한 정보를 얻고 신뢰성 개선에 필요한 구체적인 방법을 입안할 수 있다. 또한, 불량은 발견되지 않았지만 미고장 시료에 잠재된 불량으로 발전될 수 있는 부분을 추출하고 그 정보를 정리해 개량하는 개선안의 입안이다.

이상에서 시험 순서에 필요한 항목과 과제를 표 4-2에 나타낸다.

● 표 4-2 신뢰성시험의 구축에 필요한 항목과 그 과제 ●

필요하다고 생각되는 항목	항목에 대한 과제
복합환경시험의 시료	신제품이나 불량품 또는 개량품
시료에 대한 시험의 목적	일반적 신뢰성 또는 안전성이나 특수대응
시료의 스케줄	1주일, 1개월, 3개월 또는 무기한
복합환경시험의 스트레스 인자	온도범위, 온도, 진동파형과 크기 등
시료에 대한 부하조건	스트레스 인자의 복합 레벨과 동작조건
시료의 측정항목과 그 위치	온도, 진동 등 측정센서와 장착방법
양품과 불량품의 판정 레벨	판정레벨의 검출과 불량의 정의
시험 결과의 해석	양품, 불량품의 정확한 정보를 자료화

2. 고장과 시험조건

제품·부품의 신뢰성이나 안전성을 높이기 위해 최근 들어 복합환경시험이 특히 각광을 받고 있다. 그 이유는 많은 제품들에 시장 고장이 발생했을 때, 주변 사용 환경과 제품·부품의 내부 특질이 깊은 관계가 있다는 사실에 주목했기 때문이다. 이 중요한 문제에 대해 시장 환경에 존재하는 복수의 환경 인자를 동시에 또는 반복적으로 번갈아가면서 가하여, 시장에서 서로 겹치는 환경에 대한 신뢰성과 안전성을 규명하는 것이 중요해졌다. 다음은 구체적으로 그 내용을 항목별로 설명한 것이다.

① 고장은 예기치 않게 발생한다.

새로운 제품을 개발하고 정해진 판매 스케줄대로 시장에 출하하기 위해서 각 담당 부문의 예정이 엄격하게 관리되어 제품화되고 판매되지만, 이 과정에서 다양한 장해와 중요한 문제들이 발생한다. 그 중에서 기본적인 신뢰성이나 안전성에 관계되는 것은 최우선으로 검증되어야만 하는데, 기술적인 문제·사용상의 편리성·코스트에 관련된 조달부품 등에서 고장이라는 문제가 발생한다. 이 고장문제를 검증했을 때, 대부분은 사전에 대응이 가능하지만 관계자의 의식 틈새에 있는 무의식중에 뜻밖의 고장문제를 지나치게 되는 경우가 있다.

과거의 사례를 보면 고장을 물리화학적인 현상으로 생각하고 분류하면 대분류로 30, 소분류로 70가지라고 하는데 개발설계자가 몰랐거나 신경을 쓰지 못해 발생하는 경우도 많다고 한다.

- 설계자가 알아차리지 못했거나 몰라서 발생한다.
- 최대 가속조건이 아니라 최적가속(실환경) 조건에서 극치가 얻어지는 경우가 많다.
- 개선 작업이 오히려 개악이 될 경우, 시장에서의 불량 발생 확률이 높아진다.
- 환경과 재료, 혹은 이종 재료 사이의 특이한 조합에서 발생한다.
- 우발적 고장기간 이후에 시간이 지나 시장에서의 복합환경에서 발생한다.

② 고장은 시험 조건만으로 발생하거나 가속되지 않는다.

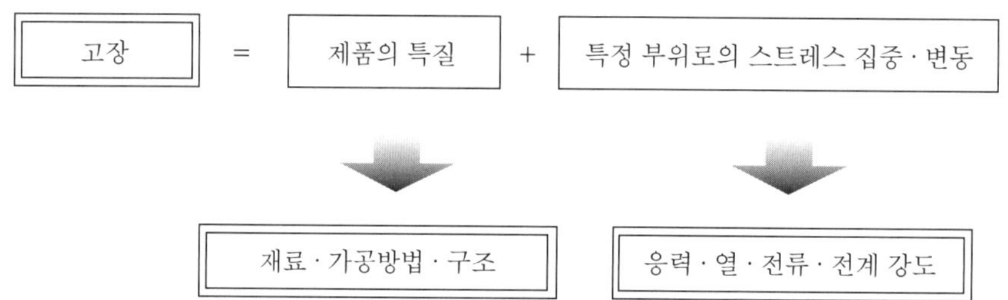

③ 같은 제품이라도 품질(신뢰성과 안전성)이 다른 요인이 있다.
차이를 발생시키는 요인으로는,

시장환경	제품의 특질	제조환경조건

의 관계가 있다.

④ 규격시험과 요구시험의 엄밀함은 설계조건에서는 있을 수 없다.
- 내환경성의 시험조건
  - 라이프 사이클 환경의 총합을 대표하는 스트레스 레벨을 전제로 한다.
  - 라이프 사이클 환경과 등가인 시험 프로필을 책정한다.
- 최근의 경향
  - 제품의 개별 환경조건을 검토해서 오리지널 시험 프로필을 개발한다.
  - 기존의 MIL을 포함한 시험규격은 참고 정도로 한다. 과거에 MIL 규격을 검토 조건으로 하여 실패한 예도 있다.
  - 가속시험에서 가혹한 내구시험방법으로서 ESS와는 다른 HALT, HASS의 개념과 그 이론을 실천하는 장치가 최근 각광을 받고 있다.

HALT, HASS에 대해서는 별개 항에서 다루겠지만, 기존의 복합환경과는 장치의 구성과 사양도 크게 다르고, 제품·부품의 파괴에 의한 방법으로 결함 또는 약점을 명확히 한다는 데 무게를 두고 있다. 또한, 필자가 시험장치의 구성에서 시료로서의 목적에 맞기 어렵다고 여기는 이유는 진동파형의 성격과 가동부 전반의 강성이 스프링계가 관련된 불량을 검증하기에 적당하지 않다고 생각하기 때문이다.

3. 양품해석과 고장해석

복합환경시험에서 제품·부품의 평가를 수행할 경우에는 그 시료에 대해 요구하는 내용이 양품이거나, 또는 불량이 발견된 고장 내용의 해석 및 재현이 요구된다.

그리고 또 한 가지는 이 둘 사이에 위치하는 그레이존(gray zone)의 판정과 평가가 중요한 일이라고 생각된다. 다음으로 간단한 양품·불량품의 해석 순서도를 나타낸다.

이들 복합환경시험 중에서 그 목적이 확실한 것이 고장품의 시험이다. 고장의 현상이랄까 내용이 판명된 상태에서 그 고장이 어떻게 일어났는지 복합환경시험에서 다양한 시장 고장의 요인으로 여겨지는 스트레스 인자의 레벨을 조합하여 고장상황을 재현하게 된다. 하지만 이것은 실제로는 아주 어려운 문제이다. 일반적인 온도 사이클 시험, 냉열충격시험 등으로 재현할 수 없는 시장의 복잡한 환경요인의 조합에서 그 라이프 사이클 속에서 발생한 복합환경하에서의 어려운 문제해석이다. 하지만 상당한 노력과 지혜와 시간을 가지고 도전하여 시장고장상황과 같은 고장모드를 실현할 수 있다면, 단순한 하나의 고장품의 시장고장 상황의 재현뿐만 아니라, 그 문제와 씨름하여 얻어지는 과정과 결과로부터 일반적인 시험에서는 얻을 수 없는 많은 복합환경시험에 대한 지식과 시장환경에 대한 대응력을 얻을 수 있다. 이것은 시장에서의 복합환경 스트레스의 재현방법과 시료의 고장모드를 확인할 수 있는 중요 포인트인 시계열 상황에 맞는 계측을 정확히 수행할 수 있다는 것을 의미한다.

양품해석에 대해서는 요구 내용에 맞도록 적합한 복합환경시험을 하는 것과 양품 판정을 바르게 수행할 수 있는 시험 중의 각종 데이터 관리와 분석, 그리고 시험 종료 후의 시료에 대한 관찰과 해석순서가 중요하게 된다. 이 분석과 해석순서에서 얻어지는 평가내용으로, 다음 단계로서는 양품이라고 생각되는 시료에 가할 다음 레벨의 복합환경, 또는 시험시간 및 추가되는 스트레스 인자(정적왜곡 등)에 의해 그레이존에 위치하는 잠재적인 시료의 약점 또는 결함에 가까운 부분을 명확히 하는 것이 가능하다.

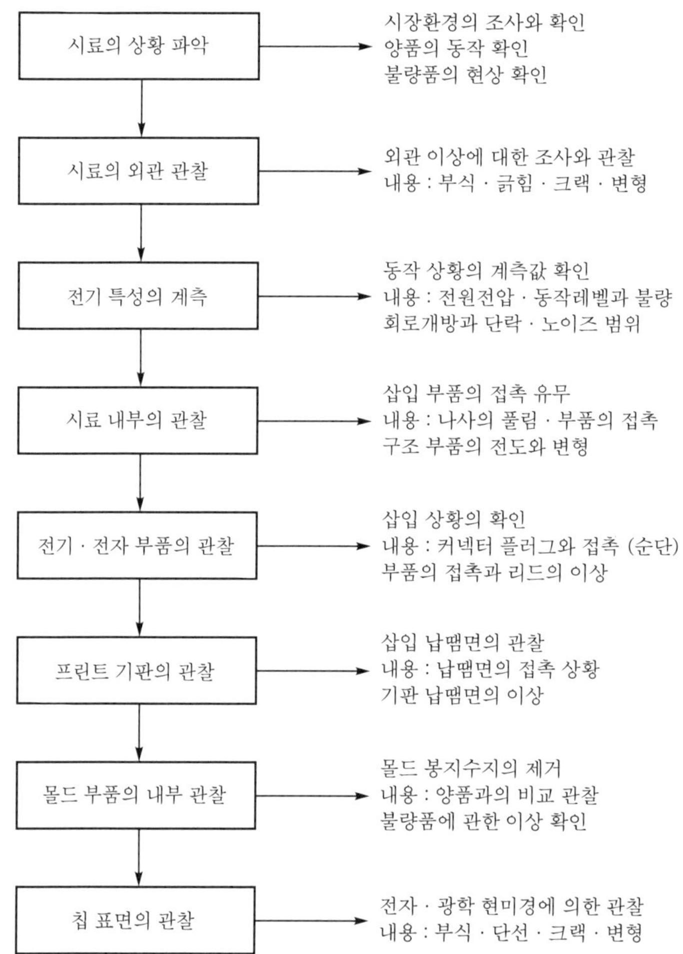

양품의 정상 동작범위(다이내믹 레인지와 주파수 특성 등) 및 전원선과 신호선의 노이즈 레벨 · 스위치, 커넥터 절연저항값의 정상 여부를 확인한다. 불량품의 계측, 관찰, 분해 데이터와 고장 상황으로부터 고장 메커니즘과 고장 원인을 검증하고 대책 개선안을 실시하여 복합환경시험을 다시 실시한다.

● 그림 4-1 양품·불량품의 해석 순서 ●

4-3 각종 복합환경 신뢰성시험의 개념

　복합환경시험에 사용되는 대표적인 환경인자는 진동·온도·습도이다. 이 3가지 환경요인이 관계되는 시장고장률은 일반적인 시장고장에서 약 80%나 차지한다고 한다. 내역은 온도 80%, 습도 20%, 진동 20%라고 하지만 차재기기에서는 진동 관련이 50% 이상 된다고 한다. 복합환경시험에 관계된 또 다른 환경인자로서는 기압·일사·염수·모래먼지·눈 등을 스트레스 인자로 생각할 수 있는데, 시장고장에 대한 영향 정도에 따라 진동·온도·습도가 복합환경 시험에서 기본적인 환경인자로서 인정되고 있다.

　이 대표적인 환경인자인 진동·온도·습도를 조합한 시험에 대해서 구체적인 개념을 다음에 나타냈다.

1. 마찰계수의 저하에 의한 고장발생

　통상의 온도 사이클에 따라 열 스트레스를 가하면, 시료의 재질 차이에 의한 열팽창계수차 와 복수 중량의 열용량의 차이 등에 의해 팽창·수축이 발생하고 기계적 고장, 전기적 특성 변화에 의한 고장을 확인할 수 있다. 그러나 진동·온도·습도의 대표적인 복합환경시험을 실 시하면, 단독 스트레스 고장모드 시험보다도 시료에 대한 복합 스트레스 인자의 상승효과가 나타나 새로운 고장모드를 발생시킬 수도 있다.

　역학적 성능의 저하 즉, 쿨롱 마찰력, 마찰에 버티는 힘의 저하에 의해 발생하는 복합고장 현상을 채택하여 고장발생 메커니즘에 대해서 그림 4-2에 나타냈다.

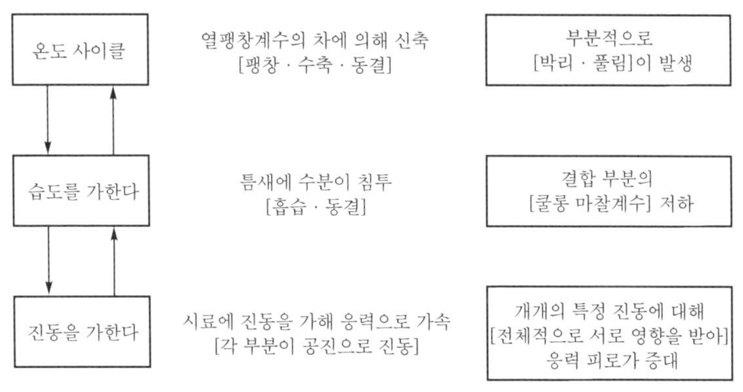

● 그림 4-2 온도·습도·진동에 의한 마찰계수 저하에 의한 고장발생 메커니즘 ●

온도 사이클 시험으로서 −30에서 55℃에서 +85에서 150℃까지를 1사이클로 하는 온도 변화율 2.5에서 5℃/분으로 수행하면, 시료는 열팽창계수의 차로 팽창·수축을 반복하여 시료의 결합부분에 [박리·풀림]이 발생한다.

다음으로, 온도 60에서 95%RH가 인가되면, 틈새로 습기가 침입하여 접합부와 콘택트부에 있어서 쿨롱마찰계수가 저하한다. 다음으로, 진동을 정현파 소인(10에서 500Hz)하거나 랜덤진동(10에서 500Hz)을 가하면 정현파 소인시험에서는 시료가 특정 진동주파수로 공진하고, 랜덤에서는 전체의 주파수에서 시료의 가속도 응답이 증대한다. 이렇게 기계적 스트레스가 원인으로 피로·하중응력의 증대에 의해 마모와 풀림이 발생한다.

이러한 인가 스트레스가 차례로 가해짐에 따른 평가의 흐름을 그림 4-2에 나타냈다.

인가 스트레스가 차례로 가해짐에 따라, 예를 들면 건조 상태에 비해 습한 상태에서는 마찰계수가 저하되어 결합면의 응답이 2배 이상 커지고, 가해진 가속도 값에 비해 공진에 의해 10배 이상의 가속도 진동이 가해진 것이 된다. 그리고 중요한 것은 이러한 복합환경 스트레스가 차례로 가해지면, 시료가 팽창·수축 중에 흡습·동결이 발생하여 기계적인 스트레스가 더욱 촉진되고, 단독 고장인자 시험모드보다 큰 폭의 가속과 복합 3인자에 의한 상승효과에 의해 새로운 고장모드의 평가가 시장 환경에 가까운 상태로 재현가능하게 된다. 참고로 고장 검출률에 영향을 주는 온도·습도·진동의 시험순서에 대한 일반적인 경향과 오래된 데이터이긴 하지만 항공기 관련부품(Martin Marietta)을 소개하기로 한다. 다음 2개로 나눈 그림 4-3, 4-4에서 설명한다.

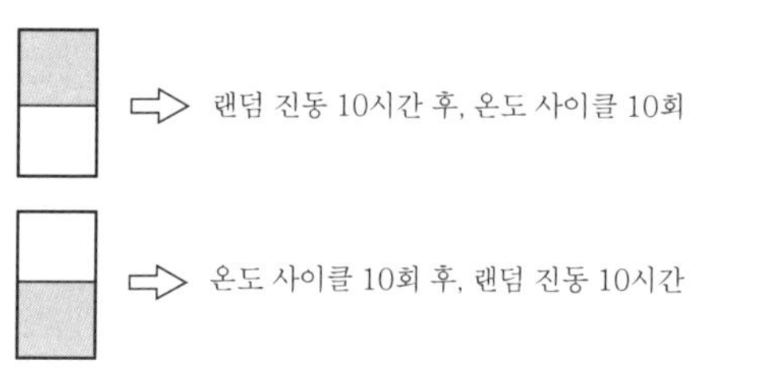

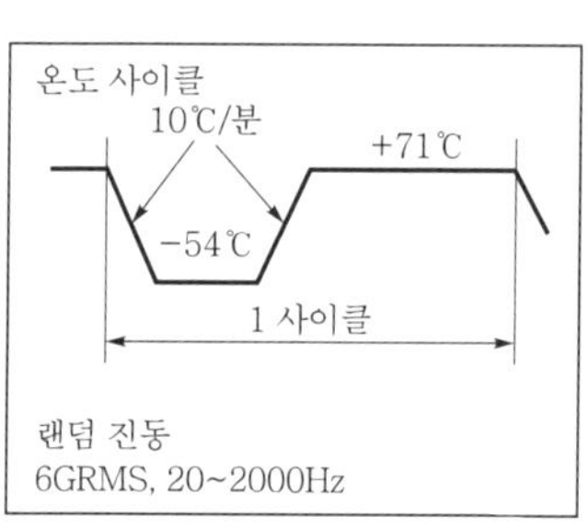

● 그림 4-3 온도 사이클과 진동시험의 시험내용 ●

온도 사이클 시험은 상당히 고능력 온도시험조에서 −54℃에서 +71℃까지를 분당 10℃로 1사이클 온도를 변화시키고 있다.

랜덤진동은 ESS에서 자주 사용되고 있는 ESS 스크리닝 패턴으로 20Hz에서 2kHz까지 6GRMS로, 그 랜덤시험 효과는 NAVMAT P-9492에서도 채택되고 있다.

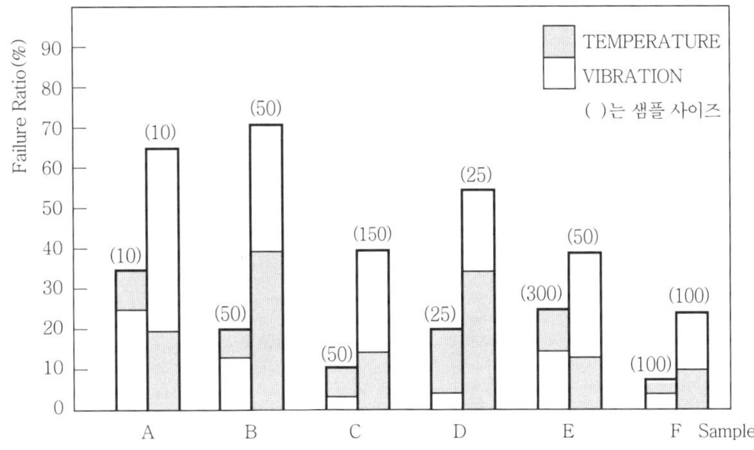

그림 4-4   온도 사이클과 진동의 순서에 의한 고장검출률의 차이

온도 사이클 시험으로 열응력을 가한 후에 진동시험을 수행하면, 처음에 진동시험을 수행하고 이어서 온도 사이클 시험을 했을 때보다 고장검출률이 항공기부품의 샘플에서는 약 2배에서 4배가 향상되었고, 일반적으로 2.7~3.5배의 효과를 얻을 수 있다.

상기와 관련하여 국내에서도 항공기 탑재용 무선기기에 대해 MIL-STD-781B의 온도·진동 복합환경시험에서 온도 −54℃(2H)~55℃(2H)의 온도 사이클과 진동가속도 2G(20Hz)를 동시에 가했을 때, 이 시험을 실시하지 않는 장치와 부품에 비교해 사용 환경에서의 고장이 1/2~1/5로 감소했다고 보고되고 있다.

2. 코팅 파괴와 부식

진동·온도·습도 복합환경에서는 응력부식과 피로가 가속된다. 이 두 가지 고장모드는 동시에 혹은 단독으로 발생하고, 금속의 취성파괴·응력부식균열은 습기가 높고 부식성 분위기에서 진동 및 온도변화에 의해 생기는 응력에 의해 진행한다.

진동·온도·습도 복합환경에서의 코팅 파괴와 부식 순서를 그림 4-5에 나타낸다.

또한, 표면피복 파괴로서 습도시험에서는 통상 표면부식을 일으킨다. 코팅(표면피복)의 성능확인은 곤란하지만 코팅에 온도 사이클 시험을 하면 팽창과 수축에 의해 표면코팅에 균열이 발생하고, 틈새로 습기가 침투하여 부식을 진행시키고, 진동으로 더욱 가속하는 것이 된다. 프린트기판에 대해 이러한 복합환경시험을 실시하면 전기저항 및 용량의 변화에 의한 기판 성능의 열화를 평가할 수 있다.

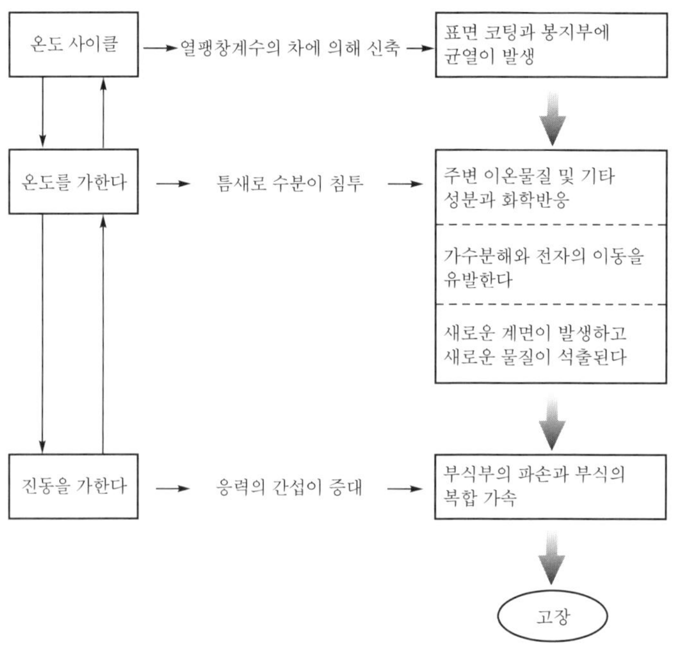

● 그림 4-5 진동·온도·습도 복합환경에서의 코팅 파괴와 부식 순서 ●

3. 복합 스트레스 인가에 의한 효과의 개념

고신뢰성 부품을 4000개 이상 사용한 부품·장치에서 시장에서의 고장은 사용주위환경과 제품의 내부 특질이 서로 겹치는 조건에서 발생하는 경우가 많다고 하므로, 이 문제를 효율적으로 찾아내기 위한 방법이 요구되고 있다. 이 가속 인자를 복합하여 가하는 복합환경시험의 효과에 대해서 정리하여 그 개념을 그림 4-6에 나타냈다.

- 스트레스 인자 A (온도)

  온도범위는 시료의 시장 환경에 따라 다르지만, 차재기기의 경우에는 −30℃에서 + 180℃의 범위로 설정된다.

  사이클 수는 과거의 효과로부터 10사이클이 권장되고 있다.

- 스트레스 인자 B (습도)

  온도 단독으로는 특별한 케이스를 제외하고 문제되지 않는다고 되어 있지만, A, C와의 조합에 의해 건조 상태에서 습한 상태로 이행하면서 결합면의 마찰계수가 저하되고 가해진 진동주파수로 공진 또는 진동응답의 증대가 발생한다.

● 스트레스 인자 C (진동)

사인 랜덤 쇼크와 단축진동이 많이 사용되는데 수직·수평 등 다축 동시도 사용된다.

이들 A, B의 범위, 변화율, 시간에 따라 C와의 조합으로 복합가속이 가능하다고 생각되고 있다. 여기에 가하는 스트레스 인자로는 그 밖에 전원전압인가가 있다.

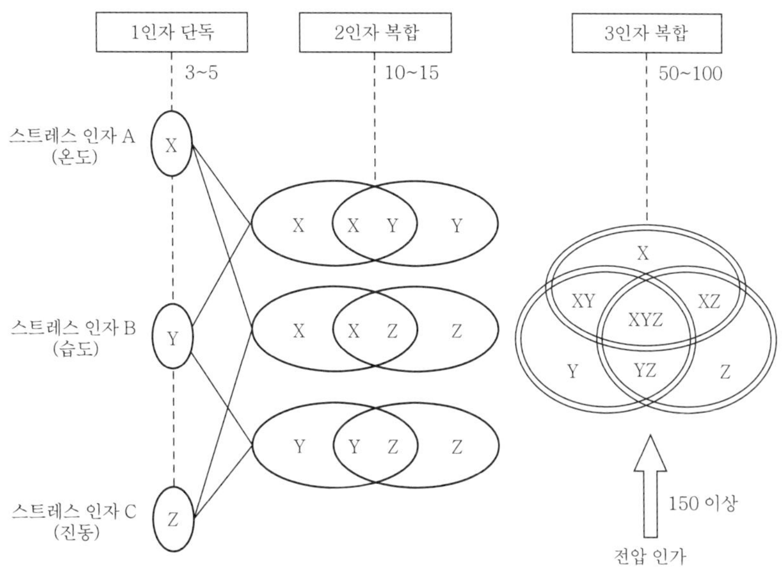

● 그림 4-6 복합가속 시험효과의 개념에 대해서 ●

또한 X, Y, Z에 대해서는 각 스트레스 인자에 의한 고장모드이다.

복합가속시험의 설정에서 중요한 항목을 정리하면, 다음의 항목을 생각해볼 수 있다.

① 가장 엄격하다고 여겨지는 실사용 상태의 총합을 대표하는 시험 프로필의 책정
② 고장모드와 고장원인이 동일 범위 내로 가속계수를 높일 수 있는 시험 프로필의 책정
③ 라이프 사이클 엔드의 안전성을 단기간에 확인할 수 있는 시험 프로필의 책정

이와 같이 효과적인 복합환경시험에는 그 전제가 되는 시험 프로필의 작성능력과 지식이 필요하게 된다.

복합환경 시험 사례와 신뢰성

3부

제5장 복합환경 시험 사례
제6장 실제 시장환경(복합환경)에
　　　대한 신뢰성 평가

5장

복합환경 시험 사례

1. 차재 커넥터의 복합환경 시험사례

시험방법으로는 시료를 반드시 차재에 내장된 실사용 상태로 고정해야 한다. 이를 위해서는 온도·습도 시험조 내에 내장된 진동발생기 가동부에 보조 진동대나 시료 장착치구를 준비하여 설치한다. 또 하나 중요한 것은 가해지는 진동축이 실사용 상태와 동일한 축이 된다는 점인데, 주위 온도·습도와 진동 및 통전전류에 관해서는 자동차용 커넥터가 노출되는 실제 환경조건을 고려하여 가한다. 대표적인 복합환경시험 프로필을 그림 5-1에 나타낸다.

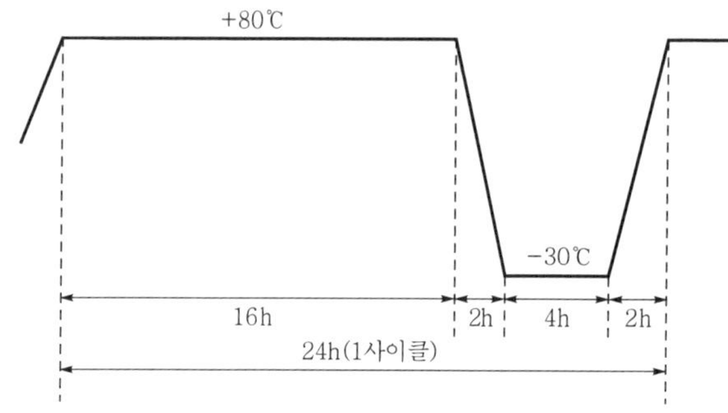

● 그림 5-1 복합환경시험 프로필 ●

> **보충**
>
> 상기의 진동주파수는 가속도 값 22m/s²에서 하한주파수가 11.7Hz가 되는데, 당시의 복합용 진동기의 능력에 따라 정해져 있다고 할 수 있다. 실제로는 차체의 공진진동수는 10Hz 이하로 낮게 5Hz(약 44mm$_{p-p}$의 변위) 부근에서 일정 진동가속도로 진동시험을 할 필요가 있다고 생각된다. 현재는 진동기의 축수·구동코일·자기회로효율·전력증폭기 등이 개선되고 진보하여, 진동변위 10mm$_{p-p}$·진동속도 200m/s가 가능해졌고, 저주파수에서부터 차재기기의 가속도 일정 시험이 가능하게 되었다.

다음으로, 차재 커넥터의 복합환경시험조건의 개념에 대해서 한 예를 들어보자. 차재 커넥터의 장착 장소에 따라 시험조건이 달라져서 변경할 필요가 있기 때문이다. 차재 커넥터가 차체에 장착된 경우의 진동은 주로 차체로부터 전해지는 진동이다. 커넥터 플러그 부분을 평가하는 경우에는 그 코드에 어떠한 진동이 어디서부터 전해지는가에 따라 결정된다. 그러나 엔진 마운트에 장착된 차재 커넥터는 엔진 진동에 대한 진동 내구성과 엔진 주위의 온도 변화가 동시에 일어나는 복합환경 스트레스에 대한 평가가 필요해졌다.

이렇게 차재기기에 복합환경 스트레스를 가하는 방법은 차종·장착위치에 따라 바뀌고, 그 시료에 대해 실제로 차재기기로서 내장된 상태에 따라, 어떠한 환경변화와 기계적인 스트레스가 어느 축 방향으로 실제로 가해지는지 확인하고, 그 장착 상태로 평가할 수 있는 시험치구의 제작이 중요해졌다.

2. 차재 어셈블리 유닛의 복합환경 시험사례

차재기기가 내장 또는 장착상태에 가해지는 기계적인 진동 스트레스는 상하방향뿐만 아니라, 전후·좌우의 수평진동도 가해지고, 프런트 패널의 온도·습도도 차 실내외의 온도차 등 사용 환경과 기상조건의 영향을 받으면서 발진, 정지 및 갖가지 주행상태의 영향을 받는다. 조수석 차재 어셈블리 유닛의 복합환경 시험사례를 그림 5-2에 나타냈다.

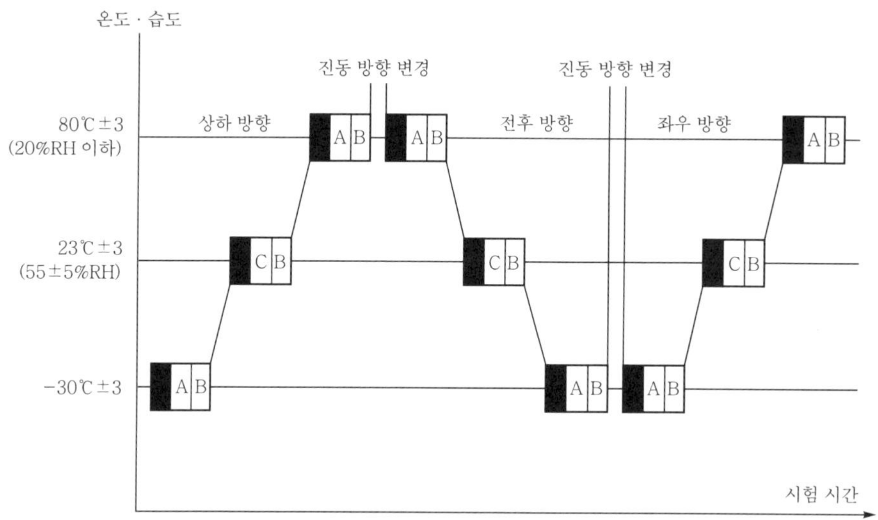

● 그림 5-2 차재용 어셈블리 유닛의 복합 시험사례 ●

① 시료

프런트 패널 조수석 안전장치

② 온도 · 습도

노출온도환경은 차 실내의 −30, 23, 80℃를 평가환경으로 한다.

온도는 80℃에서 20%RH 이하 23℃에서 55±5%RH로 한다.

③ 진동

상하·좌우·전후를 각각 실측치로 상정되는 진동값을 가한다.

④ 복합시험

각 온도·습도에서 3시간 방치 −30℃±3 및 80℃±3에서 각 진동방향으로 정현파 소인진동 시험

진동시험의 상세 내용은 다음과 같다.

- 그림 5-2 내 A, C는 진동주파수 5~100Hz(소인 10분).

  가속도값 1~4G(진동방향에 따라 가속도값 1~4G 범위에서 값은 변한다). 소인횟수 70회, 상온은 140회.

- 그림 5-2 내 B는 주파수 고정 충격시험으로도 생각할 수 있고 20Hz, 8G 일정으로 3분간 진동을 가한다.

보충하면, 흥미를 끄는 진동 부가방식은 B로 각 온도에서 마지막에 가하는 방법이다. 이 개념은 오래된 자료에서도 찾아볼 수 있으며 중요 부품 및 센서 등의 공진주파수와 연관이

있으면 효과적인 내구시험으로 생각할 수 있다. 이 복합환경시험을 실시하는 데 있어, 진동시험기의 타입에 따라 상당히 시험시간이 달라진다. 단축인 경우에 상하·좌우·전후로 진동방향을 바꿀 경우에는, 항상 치구에 고정된 시료의 순서변경작업이 필요하게 된다. 작업을 하기 위해서는 일단 상온으로 복귀시키고 난 후, 순서변경작업에 들어가는데, 많은 시간을 요함과 함께 복합환경시험의 스트레스 스케줄이 시험 프로필대로 가해지지 않게 된다.

이 문제를 해결하기 위해서는 다축 3방향 전환가능한 다축진동시험기가 필요하게 된다. 시장에는 다축진동시험기가 폭넓게 출하되고 있지만, 가격적인 문제와 복합환경시험장치로서의 환경시험조와의 내장방법에 문제가 있기 때문에 작업성을 고려한 어셈블리 기술이 필요하다.

5-2 복합환경시험에 의해 계측 가능한 부품의 특성

1. 시료 계측에 필요한 주의사항

시료의 진동특성을 계측하는 목적은 다음 사항들을 생각할 수 있다.

① 시료의 공진점이 몇 개 있고, 그 주파수의 값과 공진점의 급준도는 어느 정도인가?

이 계측을 할 때 주의할 것은 시료를 고정하는 진동대 또는 장착치구의 진동특성이 시료에 비해 충분히 강하고, 시료의 중량보다도 무거워야 하는 것이 중요하다.

이 두 가지 조건이 만족되지 않으면 정확한 시료의 진동특성을 계측할 수 없고, 복수의 공진점이 존재할 때, 시료 이외의 공진의 영향을 받아 공진주파수 및 급준도를 정확히 계측할 수 없다. 특히 치구 등과 시료의 중량이 접근해 있어 서로의 공진점이 가까울 경우, 각각의 공진점 이외의 공진 커브가 서로의 영향으로 나타난다. 이 현상은 프린트 기판과 장착 섀시 또는 2단 조립 등에서 일어나는 현상이지만, 어셈블리 부품의 평가에 중요한 것이므로 별도의 항에서 상세히 다루기로 한다. 다음으로 중요한 것은 계측 센서(픽업)의 중량이다. 적어도 시료 중량의 1/10 이하가 아니면 센서 중량이 더해짐에 따라 시료의 진동특성이 변화하여 정확한 계측을 할 수 없다.

다음은 시험을 수행하는 데 있어서 가해지는 진동가속도의 크기이다. 공진점에서는 그 공진배율(지금까지 급준도라고 표현해 온 값)에 의해 센서의 출력이 커지고, 센서의 출력을 받는 증폭기의 다이내믹 레인지를 넘으면 공진입력파형이 왜곡되므로, 정확한 공진점과 공진배율의 주파수에서 출력이 왜곡되지 않는 것을 확인하고 나서 계측시험에 들어갈 필요가 있다.

② 시료의 진동특성이 온도에 의해 어떻게 변화하는가?

이 계측 데이터를 얻기 위해서는 최저한 「온도·진동」 스트레스가 동시에 가해질 것과 시료의 온도를 단계적으로 변경할 수 있는 장치, 소위 복합환경시험장치가 필요하게 된다. 시료의 진동특성을 계측하는 데 있어 주의사항은 ①항의 내용으로 충분하지만 시료에 가하는 온도에 대해서 충분히 노출하면서, 그 때마다 진동특성을 계측하여 얻어진 데이터를 통해 온도 변화에 대해 시료의 진동특성이 어떻게 변화하는지를 계측하게 된다. 일반적으로 온도의 변화에 대해서 시료가 부드러워지면 공진주파수와 공진배율은 낮아지며, 시료가 굳어지면 공진주파수가 높아지고 공진배율이 커지며 공진은 샤프해진다.

③ 시료에 대해서 가해지는 진동축에 의해 진동특성은 어떻게 되는가?

다축 진동기가 있으면, 시료에 3방향 센서를 장착해 진동방향을 전환하면서 비교적 간단하게 상하·좌우·전후의 진동특성을 동일 장착상태에서 정확히 계측할 수 있다. 단축 진동기의 경우에는 각 방향의 계측 시에 시료의 순서 변경이 필요하고, 시료를 장착하는 치구도 필요해진다. 너무 부드러운 시료의 경우에는 장착방향에 따라 중력의 영향에 의해 변형되기 때문에 정확한 시료계측을 할 수 없게 된다.

2. 알루미늄 판의 진동특성

시료의 공진의 예리함에 대해서 손실계수 또는 공진특성을 구하는 방법을 설명한다.

공진특성(손실계수)을 측정하는 방법은 진동시험기의 가동부에 시료를 고정하고, 시료의 끝에 픽업을 장착한다. 이 때 $\omega = \sqrt{k/m}$으로 시료 m에 대해서 충분히 가벼운 픽업을 장착해야 한다.

시료에 정상진동(주파수를 변경해도 일정 가속도)이 되도록 정현파 진동제어를 하면서 주파수를 변경하고, 시료 끝에 장착한 픽업의 진동값을 계측하여 일차·이차 시험 등의 공진특성을 도표로 그려보면 시료의 공진특성을 얻을 수 있다.

그림 5-3이 구해진 특성이라고 할 때, 공진특성 Q는

$$Q = f_0 / f_2 - f_1$$

으로 구할 수 있다. 손실계수는 $1/Q$을 산출하여 구할 수 있다.

특성도에서 진동값의 피크인 주파수 f_0를 최대진폭점으로 하면, 최대진폭점에서 $-3db$을 뺀 위치는 진폭이 $1/\sqrt{2}$이고, 에너지로 생각하면 1/2이 된다.

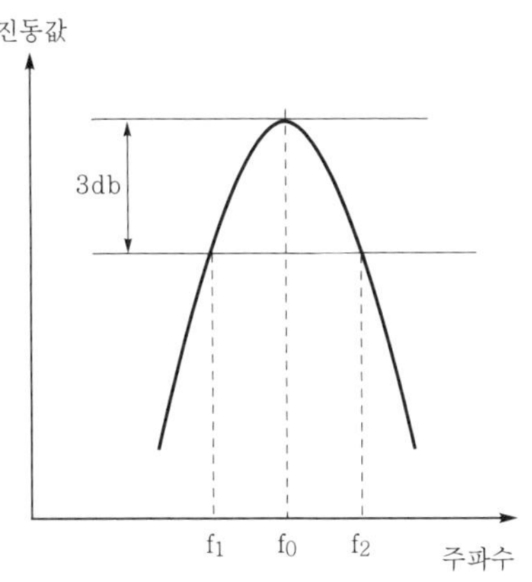

● 그림 5-3 시료의 공진 특성 ●

Q계수는 Q-factor라고 부르며 Q는 공진의 예리함을 나타내는 양으로 사용되고, Q가 10이면 공진점에서는 진폭이 10배로 확대된다는 것을 의미한다. 1/Q는 손실계수(loss factor)라고 불리며 감쇠를 나타내는 양으로 사용된다.

다음으로 재료의 지지방법에 의한 탄성상수와 공진주파수를 구하는 방법에 대해 간단히 설명해둔다.

〈 재료에 의한 E : 종탄성계수 〉

　　철 : $2.1 \times 10^6 \text{cm}^2$　　　　알루미늄 : $7.4 \times 10^5 \text{cm}^2$

　　마그네슘 : $4.5 \times 10^5 \text{cm}^2$　　플라스틱 : $1.0 \times 10^5 \text{cm}^2$

캔틸레버[cantilever] (그림 5-4)에 대한 선단 직선 탄성상수는

　　$k = 3EI/1^3$

　　E는 종탄성 계수, I는 단면 2차 모멘트

　　$I = BH3/12$

로 구한다.

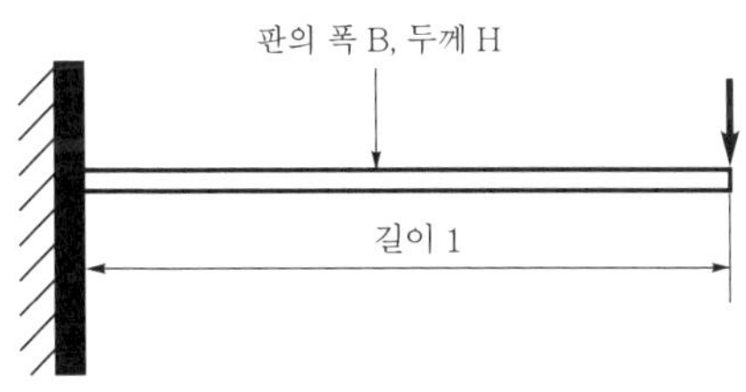

● 그림 5-4 캔틸레버 참고도 ●

공진진동수는 $f = 1/2\pi \sqrt{k/m}$이 되지만 질량은 샘플의 체적에 비중을 곱해 구한 값을 1/980로 하여 cm 단위로 질량으로 변환하고, 선단집중계수로서 0.23을 곱한 값을 m으로 한다. 비중은,

알루미늄은 2.7

철은 7.85

양측 고정에 대해서 중앙의 직선 탄성상수를 구하는 식은

$k = 192EI / 1^3$이 된다.

중앙집중으로서 $f = 1/2\pi \sqrt{k/m}$인 경우에도 질량 m에는 0.23을 곱한 값으로 한다.

실제로 시료를 준비하여 공진주파수를 산출하고 실측치를 계측한 결과를 나타냈다. 준비한 시료와 계측에 사용한 센서는 다음과 같다.

① 200×200mm 알루미늄판 2종류 두께 t=1.5 , 1.0(실측중량은 162gr, 110gr)
② 200×100mm 알루미늄판 2종류 두께 t=1.5 , 1.0(실측중량은 80gr, 55gr)
③ 시료의 진동특성을 계측(각 시료의 중심에서 소형 픽업 2220D로 계측)

다음으로 준비한 각 시료의 공진주파수 등의 산출과 실측치를 다음 각 항목에서 나타낸다.

(1) 시료 알루미늄 판 200×200mm, 두께 t=1.5mm의 진동특성에 대해서

양단 고정시의 중앙 직선 탄성상수를 계산

$k = 192EI / L^3$ I는 단면 2차 모멘트

$I = BH3 / 12$ B는 시료 판의 폭, H는 두께

$I = BH3 / 12$에서 B:20cm , H:1.5mm로 하면, $I = 0.005625$

$k = 192EI / L^3$에서 E의 알루미늄 종탄성계수는 $7.4 \times 10^5 cm^2$로 한다.

탄성상수 k는 99.9가 된다.

중앙집중인 질량 m에는 0.23인 계수를 더하는 알루미늄 비중은 2.7

질량 m은 $0.2 \times 0.2 \times 0.0015 \times 0.23 \times 2.7 = 0.0000372$

공진주파수는 $f = 1/2\pi \times \sqrt{k/m}$에서 약 260Hz로 계산값을 얻을 수 있다.

질량 m의 계산값에 대해 실측중량은 162gr으로 오차범위로 계산되고 있다.

공진주파수에 대해서는 시료 중심의 픽업장착으로 가동부를 낮은 레벨로 가속도 일정 진동제어를 하고, CSV 계측 데이터로 구한 전달특성과 시료를 그림 5-5에 나타냈다. 계측 공진주파수는 205Hz였다. 오른쪽 시료 사진은 알루미늄 판과 중앙에 고정된 센서이다.

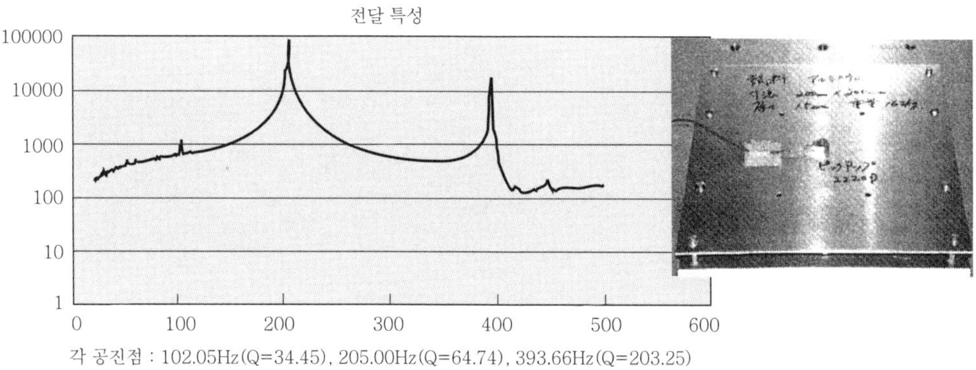

각 공진점 : 102.05Hz(Q=34.45), 205.00Hz(Q=64.74), 393.66Hz(Q=203.25)

● 그림 5-5 CSV 계측 데이터로 구한 전달특성과 시료 ●

(2) 시료 알루미늄 판 200×200mm, 두께 t=1.0mm의 진동특성에 대해

두께 t=1.0 즉 H=1.0의 경우에는 단면 2차 모멘트가 I=0.001666, 탄성상수 k는 29.588이 된다. 질량 m은 0.2×0.2×0.001×0.23×2.7=0.0000248, 공진주파수는 $f=1/2\pi\times\sqrt{k/m}$에서 f=173.7Hz가 된다.

질량 m의 계산값에 대해서 실측 중량은 110gr으로 오차범위에서 계산되고 있다. 공진주파수에 대해서는 시료 중심의 픽업장착으로 가동부를 낮은 레벨로 가속도 일정 진동제어를 수행하여 CSV 계측 데이터에서 구한 전달특성 그림 5-6을 나타냈다. 계측 공진주파수는 138Hz였다.

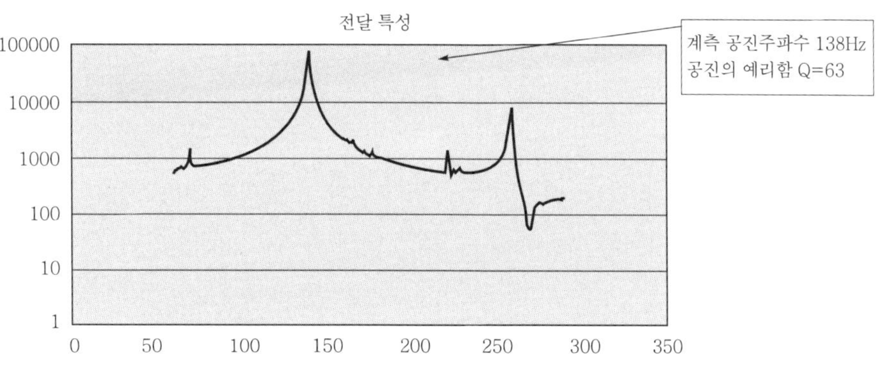

● 그림 5-6 CSV 계측 데이터로 구한 전달특성 ●

(3) 시료 알루미늄 판 200×100mm, 두께 t=1.5mm의 진동특성에 대해서

양단 고정시의 중앙 직선 탄성상수를 계산

$$k=192EI/L^3 \quad I는 \ 단면 \ 2차 \ 모멘트$$

$$I=BH3/12 \quad B는 \ 시료 \ 판의 \ 폭, H는 \ 두께$$

$I=BH3/12$에서 B:10cm, H : 1.5mm라고 할 때, $I=0.003375$

$k=192EI/L^3$에서 E의 알루미늄 종탄성계수는 $7.4×10^5 cm^2$으로 한다.

탄성상수 k는 59.94가 된다.

중앙 집중인 질량 m에는 0.23의 계수를 가하고, 알루미늄 비중은 2.7이므로

질량 m은 $0.2×0.1×0.0015×0.23×2.7=0.0000186$

공진주파수는 $f=1/2\pi×\sqrt{k/m}$에서 약 285.8Hz로 계산할 수 있다.

질량 m의 계산값에 대해 실측 중량은 80gr으로 오차범위에서 계산되고 있다.

공진주파수에 대해서는 시료 중심의 픽업장착으로 가동부를 낮은 레벨로 가속도 일정 진동제어를 수행하며, CSV 계측 데이터에서 구한 전달특성이 그림 5-7이다.

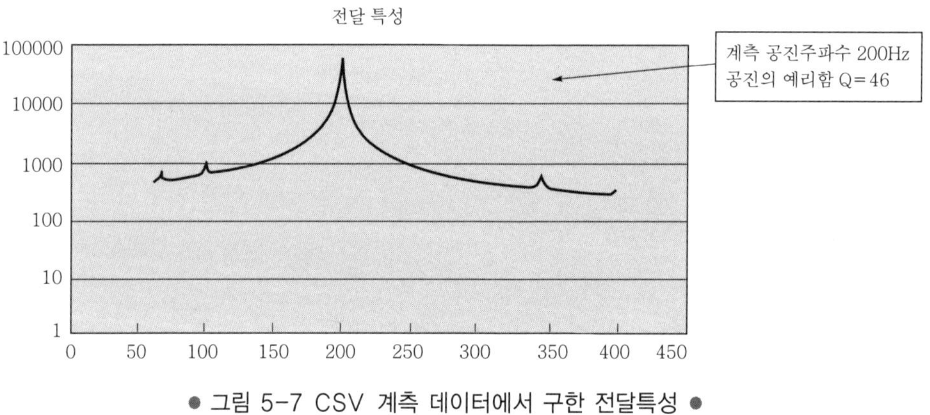

● 그림 5-7 CSV 계측 데이터에서 구한 전달특성 ●

계측공진주파수는 200Hz, 공진점의 예리함, 공진배율은 Q=46이었다.

(4) 시료 알루미늄 판 200×100mm, 두께 t=1.0mm의 진동특성에 대해서

두께 t=1.0 즉, H=1.0인 경우는 단면 2차 모멘트가 $I=0.000833$, 탄성상수 k는 14.794가 된다. 질량 m은 $0.2×0.1×0.001×0.23×2.7=0.0000124$, 공진주파수는 $f=1/2\pi×\sqrt{k/m}$로 f=173.7Hz가 된다.

질량 m의 계산값에 대해 실측 중량은 55gr으로 오차범위에서 계산되고 있다. 공진주파수

에 대해서는 시료 중심의 픽업장착으로 가동부를 낮은 레벨로 가속도 일정 진동제어를 수행하고 CSV 계측 데이터에서 구한 전달특성을 그림 5-8에 나타냈다.

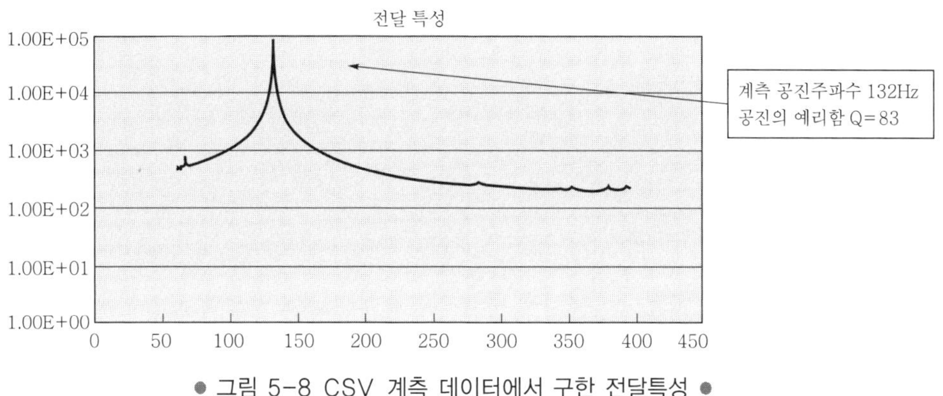

● 그림 5-8 CSV 계측 데이터에서 구한 전달특성 ●

계측 공진주파수는 132Hz였다. 공진점의 예리함, 공진배율은 Q=83이었다.
이상의 계측 데이터에 대해서 간단히 검증하면 다음과 같이 된다.

상기 4종류의 시료를 양단 고정으로 중심의 진동특성을 계측하고, 각 데이터에서 공진주파수와 공진의 예리함을 구한 결과에 대해 검증을 수행한다.

알루미늄재의 두께가 동일하고(1.5mm), 폭이 다른 시료는 공진주파수가 205,200Hz, 폭이 절반이고, Q=64, 46으로 달라져 있다. 이런 식으로 길이 200과 t=1.5로 공진주파수가 정해져 공진의 예리함은 길이 방향의 폭으로 정해진다고 생각할 수 있다. 마찬가지로 두께가 동일하고(1.0mm), 폭이 다른 시료는 공진주파수가 138,132Hz로 계측 결과는 같은 경향을 보인다. 그러나 공진의 예리함에 대해서는 상반된 수치를 나타낸다고 할 수 있는데, 길이 방향의 폭이 좁은 알루미늄 재의 Q가 83으로 커져 있다.

이는 측정 주파수 범위를 소인 계측하는 시간에 의해 계측되는 진동값의 정보량이 변화하기 때문이다. JIS 규격에서는 진동응답검사는 1oct/min을 넘지 않는 소인속도로 실시하고, 좀더 정확한 응답특성을 얻고자 할 때에는 더욱 느리게 한다고 지시하고 있다. 그림 5-5, 5-6, 5-7은 1oct/min 부근에서 시험을 하고, 그림 5-8의 계측 시험은 한없이 느리게 소인을 수행한 결과 거의 정확한 Q를 나타내고 있다고 여겨진다.

(5) 알루미늄 판과 프린트기판의 2중 시료의 진동특성에 대해서
지금까지의 진동특성은 시료 한 장의 데이터에 대해서 설명해 왔는데 실제로는 알루미늄

섀시와 프린트기판은 여러 개가 삽입되어 있다. 예를 들면, 최근에 크게 늘어나고 있는 ECU의 내부도 견고한 알루미늄 케이스 속에 수납되어 있다.

알루미늄 케이스 자체는 환경이 아주 좋지 않은 장소에도 들어가기 때문에 견고하고 밀폐성도 좋게 봉인되어 있다. 따라서 외부로부터의 진동은 케이스가 강한 탓에 감쇠되지 않고 내부로 전달된다. 이 때, 알루미늄 판과 프린트기판의 공진점 이외에 상호 간섭에 의해 발생한 2차계의 반공진과 유사한 특성이 발생한다.

이 특성도를 그림 5-9에 나타낸다.

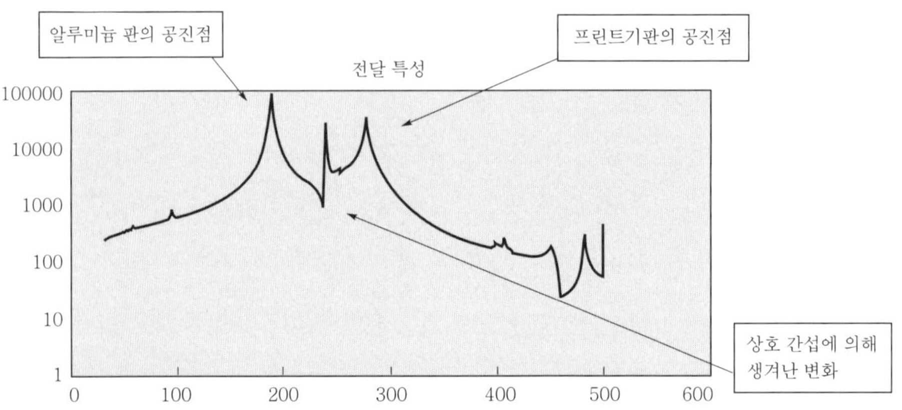

● 그림 5-9 알루미늄 판과 프린트기판의 간섭에 의한 진동특성의 변화 ●

그림 5-9의 실제로 시료를 보조 진동대에 장착한 상태의 사진을 그림 5-10에 나타낸다.

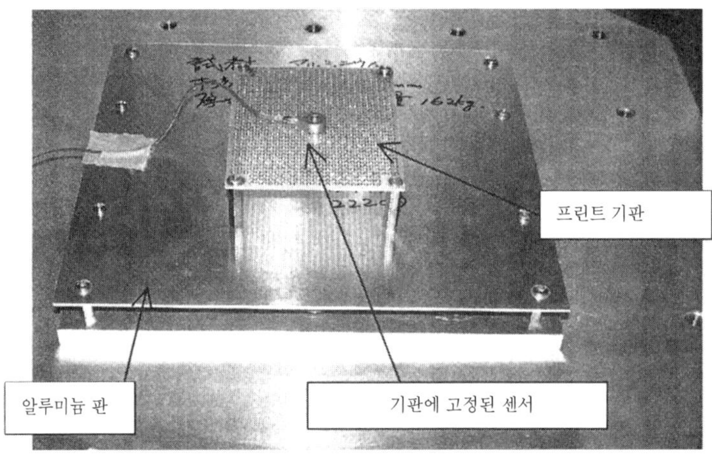

● 그림 5-10 2단 중첩 시료 장착 사진 ●

이 특성도는 중요한 검증사항이 필요하다는 것을 시사하고 있다. 프린트기판 단체의 진동특성으로 실사용 상태를 판단하지 않고, 중요한 LSI나 메모리가 실장될 때에는 2중의 온도에 따른 진동특성의 변화도 포함하여 충분한 복합환경시험의 실시에 의한 사용 환경 평가시험이 필요하다는 것을 나타내고 있다.

3. 프린트기판의 진동특성

프린트기판의 공진 진동특성이 온도에 따라 어떻게 변화하는지 계측한 데이터를 소개한다. 복합환경시험장치 내의 입방체 치구에 프린트기판을 수평으로 고정한다. 진동특성 계측용 픽업은 엔디비코 사의 초소형 경량 픽업 2220D를 시료의 중심에 나사로 고정해 계측한다.

그림 5-11에 나오는 시료의 자세한 내용은 아래와 같다.

시료 : 프린트기판(유니버설 기판)　　　단위 : 200×200mm

두께 : 1.6mm　　　재질 : 에폭시

계측시험내용

조내 온도 : $-40, -20, 0, 24, 80℃$로 충분히 노출하여 계측

가하는 진동 : 정현파 Log 소인(50~1000Hz) 진동기 가동부(하부입방체 치구 장착면) 가속도 0.1G로 진동값 제어

시료의 진동특성은 계측 픽업의 진동값을 각 조내 설정온도에 충분히 노출하고, 프린트기판의 공진특성을 계측한다.

조내 내장 시료 사진을 그림 5-11에 나타낸다.

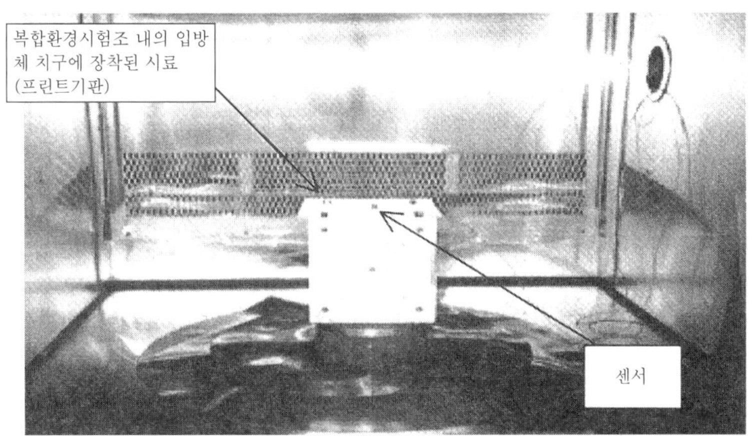

● 그림 5-11 입방체 치구에 프린트기판 장착 사진 ●

　그림 5-11에서 계측된 프린트기판의 −40℃에서+80℃까지의 공진 진동특성의 변화를 중복한 특성도를 그림 5-12에 나타냈다. 또한, 그림 5-13에 프린트기판과 동일한 치수로 똑같이 고정된 알루미늄 판의 공진진동특성을 나타냈다. 시험결과에서,

① 프린트기판의 1차 공진주파수는 −40℃에서 159Hz, 3.78G, 80℃에서 178Hz, 5.34G 로 변화했다.

② 알루미늄 판은 1차, 2차 공진주파수가 확실히 계측되었다.

③ 프린트기판의 공진점은 6점 계측되고, 금속과 합성수지의 차이를 알 수 있다.

④ 프린트기판은 온도가 높아지면 접착제 등이 경화하여 굳어지고 공진주파수도 높아져 공진배율도 커졌다.

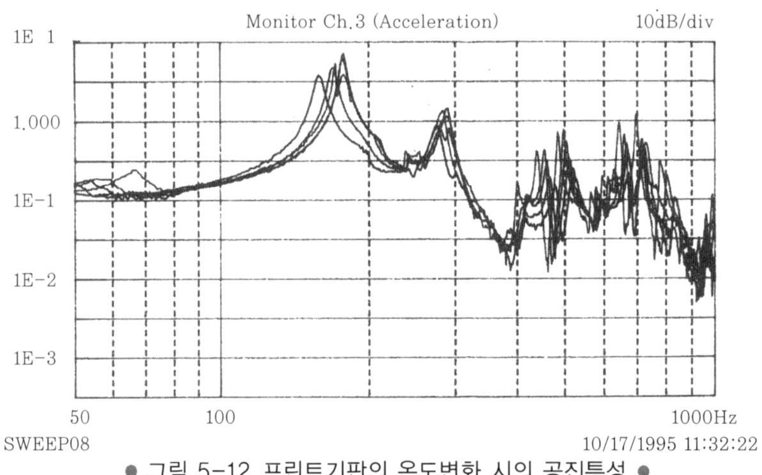

● 그림 5-12 프린트기판의 온도변화 시의 공진특성 ●

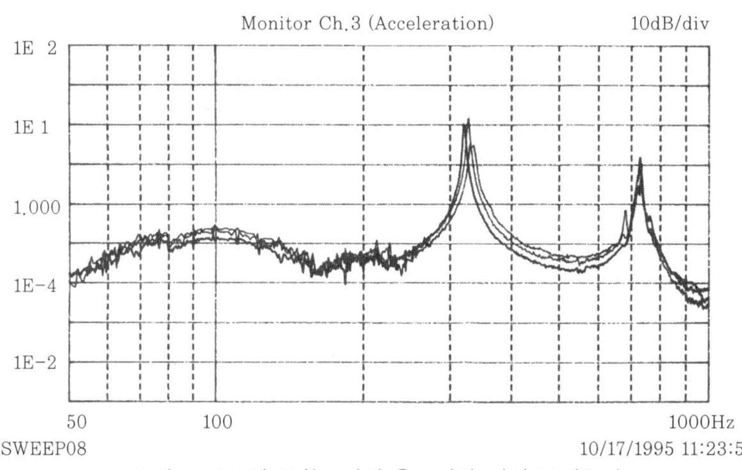

● 그림 5-13 알루미늄 판의 온도변화 시의 공진특성 ●

(1) 최근의 프린트기판의 온도에 의한 특성변화

그림 5-12에 나타낸 프린트기판의 온도변화에 대한 진동특성의 변화는 이 프린트기판에 사용되고 있는 접착제가 온도 변화로 경화되었다고 할 수 있다. 하지만, 이 데이터는 오래되었고, 최근 사용되고 있는 프린트기판 접착제의 특성은 변화되고 있다. 다음으로 최근의 원반형상 프린트기판(그림 5-14)의 온도변화에 대한 진동특성을 계측했는데, 단선부(ch3)에서 상온 22℃에서 약 820Hz에 존재했던 공진점이 고온 약 100℃에서는 760Hz 부근으로 이동해 있다는 것을 계측할 수 있었기에 소개해둔다.

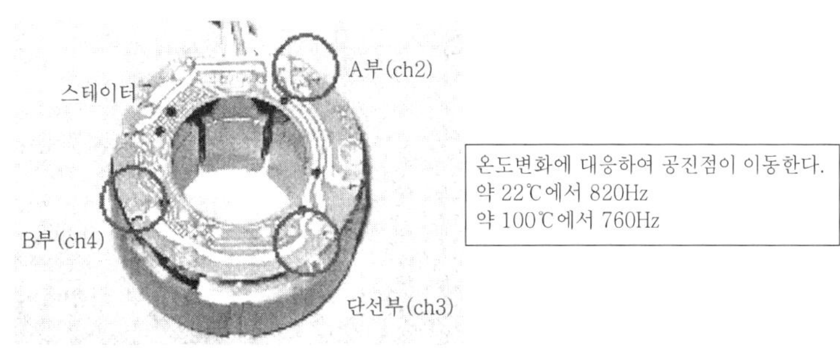

● 그림 5-14 원반형상 프린트기판의 사진 ●

(2) 수직·수평진동에 대한 프린트기판의 공진에 대해서

사용한 진동기는 소형 3방향 전환 및 3축 동시 랜덤시험이 가능한 다축 진동기를 사용했다. 그림 5-15와 같이 실장 프린트기판을 다축 진동대에 고정하여 기판의 공진에 대해서 계측했다.

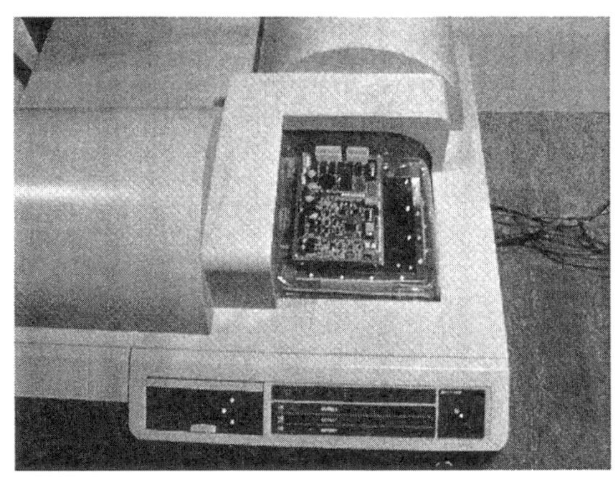

● 그림 5-15 위에서 본 진동대에 기판을 장착한 사진 ●

다음은 그림 5-16 실장기판의 상세 내용이다.

치수 220×145mm, 두께 1.6mm, 재질은 유리 에폭시, 실장기판 중량 285gr.

수직방향의 진동을 매뉴얼 소인으로 가속도 약 1G로 가진했을 때, 50Hz±3Hz(47~53Hz)에서 기판이 공진을 일으키며 급격하게 진동한다. 눈대중한 수치이긴 해도 약 ±3mm 이상 진폭하고 있다. 이것을 가속도로 환산하면 30G 이상의 가속도가 된다. 한가운데 점등하고 있는 LED는 앞의 전지 전원이 오른쪽 릴레이 접점이 쇼트하면 점등하도록 되어 있다. 공진주파수 내에서 LED는 점등하고 있다(릴레이 접점을 가공하여 접촉하기 쉽게 되어 있다).

● 그림 5-16 1G 가진에서 비공진 시의 기판 ●

● 그림 5-17 50Hz±3Hz (47~53Hz)에서 기판 공진상태 ●

다음은 공진 시에 어떻게 그 방향으로 진동하는지를 나타낸다. 마치 지진이 일어났을 때, 고층 빌딩이 지진충격이 감쇠할 때, 흔들리기 쉬운 방향으로 흔들리는 것과 같다.

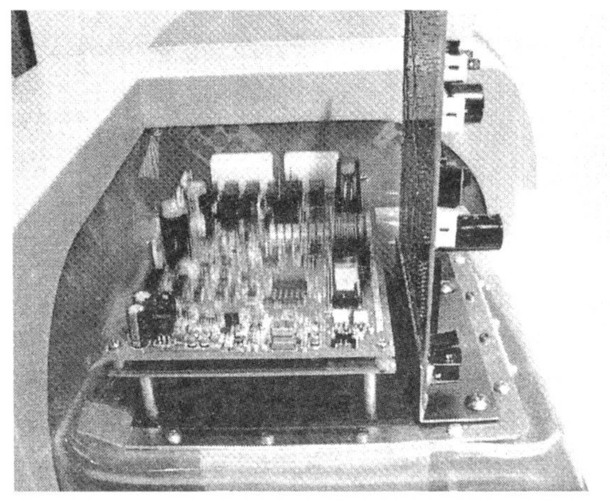

● 그림 5-18 시료를 수직(공진)과 수평으로 장착한 상태 ●

● 그림 5-19 시료를 수직과 수평(공진)으로 장착한 상태 ●

시료를 다축진동기 진동대에 수평방향과 수직방향으로 각 1장씩 고정하여 진동을 가한다. 그림 5-18은 수직진동으로 49Hz 부근에서 수평장착기판이 공진하여 흔들리고 있는 상태이다. 흥미를 끄는 현상은 그림 5-19의 사진에서 수직방향 장착기판이 공진하여 진동하고 있는 방향(X)에 대해서 90° 각도(Y)에서 수평진동을 가한 상태로 30Hz 부근에서 진동현상이 일어나는 경우가 있다. 수직방향의 장착은 쉽게 말해 외팔보(cantilever) 지지라고 불리며, 일반적으로 양측 고정시의 약 1/2 주파수에서 공진이 일어난다.

6장

실제 시장환경(복합환경)에 대한 신뢰성 평가

실제로 받는 환경 스트레스의 종류와 내용을 분석하여 낱낱이 분석하고 단순화하여 요인별로 평가하는 것이 일반적이지만, 실제로는 이들의 단순화된 요소의 대수합이 실환경의 작용에 한하지 않고, 상호 작용과 다른 작용이 복합된 인자가 복잡하게 맞물리며 발생하는 것이 현실이다. 또한 경년변화 후에 가해지는 외부에서의 각종 진동성분의 영향에 의한 불량내용조사도 중요해졌다.

자동차의 사용 환경 스트레스 인자로는 온도, 습도, 진동, 빗물, 전압, 변동, 서지전압 등이 있다.

온도환경을 고려하면 엔진룸 안에서는 국부적으로는 100℃ 이상 상승하고, 기상조건에 좌우되지만, 염천 하 주차 시에는 대쉬 패널 상부에서 100℃ 이상, 트렁크 룸 내에서 65℃ 이상, 차량 실내의 인스트루먼트패널(instrument panel) 등은 100℃ 이상으로 상승하는 경우도 있다.

차재전자기기가 온도에 관해 요구되는 조건은 다음과 같이 정리할 수 있다.

① 고온·저온 상태에서의 정상동작.
② 단시간에 일어나는 급격한 온도 상승·하강에서의 정상동작.

온도환경을 살펴보면 최근에는 대부분의 차종에 카 에어컨디셔너가 장비되어 냉각된 기기가 도어의 개폐 등에 의해 뜨거운 외기에 노출되어 쉽게 결로가 발생하고 있다. 한랭지의 스키 주차장 등에서 에어컨디셔너 온방을 사용했을 때, 프런트 패널 외측에 장착된 기기는 엔진룸 내의 에어컨디셔너가 내보내는 열풍에 노출되어 급격한 온도변화가 발생하여 차량 실내와의 온도차에 의해 순간적으로 고습 상태가 발생한다.

진동에 관해서는 도로주행 중의 바디 섀시 진동은 22~44m/s²(2~4G)의 가속도가 전해지고, 엔진진동은 220~440m/s²(20~40G)인 가속도가 발생하여 엔진룸 및 바디에 진동의 영향을 끼친다.

차재기기에 사용되는 카 일렉트로닉스 센서에 대한 요구를 생각해보면,

① 요구정밀도는 다른 분야와 비교하여 특별히 엄격하지는 않다.
② 내환경성과 신뢰성에 대해서는 다른 분야와 비교해 아주 엄격하다.
③ 양산에 의한 안정된 공급과 최대의 포인트는 비용 절감이다.

1. 차재기기의 사용 환경

일상적으로 우리들이 체험하는 사례들을 아래에 소개한다.

사례1 : 한 여름 염천 하의 주차장에서 차량이 발차할 때, 프런트, 리어 패널 부근은 태양열로 80~120℃로 상승하고, 10분 정도 주행하면 차량 실내는 에어컨디셔너의 효과로 20~25℃가 되지만, 엔진룸은 온도가 높아져 차량 실내 프런트 패널의 표시장치와 차량 실외 엔진룸 사이에는 상당한 온도차가 발생한다.

사례2 : 추운 지방의 겨울, 이른 아침(-20~30℃ 전후)의 발차 시 모든 기능은 정상적으로 동작해야만 한다. 10분 정도 주행하면 엔진룸은 80~120℃가 되고, 차량 실내는 에어컨디셔너에 의해 20~25℃가 된다. 그 동안에 차량 실내외에서는 복잡한 온도차가 생긴다. 특히 눈 쌓인 도로주행에서는 저속운전으로 노면에서부터의 변위진동이 여기에 가해지게 된다.

주차 시의 논스톱 아이들링보다 발차 시의 안전 동작은 더욱 엄격해졌다. 상기의 실환경 평가조건으로서 프런트 패널 액정표시장치에 대해 생각해보면, 직사광선에 의한 온도상승 등에 의한 고온 시 기동점등, 저온 시의 기동점등 등이 필요해지고 고온, 저온의 노출시험과 고온저온의 온도 사이클 시험 시에 기계적인 진동충격조건을 동시에 조합한 동작 중(시작·주행·정지) 복합환경 신뢰성시험이 중요해진다.

2. 차의 온도와 습도

차의 온도와 습도에 대해서는 그 예로서, 칩 온 글라스 LCD의 내환경성에 대해 차재용과 민생용을 비교하여 생각한다. 시계·전자계산기 등과 비교해 사용상 복잡한 스트레스를 받을

것이 상정된다. 저온 시와 고온 시 기동점등, 고저온의 온도 사이클, 주행 중의 진동과 충격 및 직사광선의 영향이 중요하게 여겨진다. 표 6-1에서 생각할 수 있는 차재 액정표시와 민생용 액정표시의 동작 시 품질보증범위의 차이에 대해 나타낸다.

● 표 6-1 액정표시 유닛의 차재용과 일반 민생용과의 품질보증범위의 차이 ●

항목		차재용	민생용
온도		−20~65℃	0~50℃
습도		40℃, 95%RH 이하	40℃, 85%RH 이하
진동	상하방향	7.0m/s²	4.9m/s²(0.5G)
	전후방향	6.0m/s²	
	좌우방향	4.5m/s²	

차량 주행 중과 주차 중에서 여름철 기상조건에 의한 부위별 최고 온·습도의 예를 표 6-2에 나타낸다.

● 표 6-2 차량의 부위마다 고려되는 최고 온·습도 예 ●

엔진 룸 내			차량 실내		
장소	온도	습도	장소	온도	습도
엔진 블록	115~145℃	38℃ 95%RH	프런트 패널 상부	95~120℃	38℃ 95%RH
엔진 오일	145~160℃	66℃ 80%RH	프런트 패널 하부	60~75℃	66℃ 80%RH
흡기 매니폴드	90~110℃	38℃ 95%RH	차량 실내 하부	85~105℃	66℃ 80%RH
배기 매니폴드	500~650℃		리어 데크	95~115℃	38℃ 95%RH

3. 주행시에 발생하는 진동과 주위환경

주행시에 발생하는 대표적인 진동과 주위환경에 대해

① 2~15Hz에서 차체 전체가 떨리는 진동

연속적인 요철노면 주행이나 큰 턱을 넘은 뒤에 발생한다. 스프링 아래 공진, 바디의 공진, 엔진부 공진에 의해 증폭되어 시트와 핸들, 플로어까지 전달된다.

② 아이들링 진동 (20~50Hz)

아이들링 상태에서 플로어, 시트와 스티어링 휠이 저주파수 진동을 일으킨다. 떨리는 진동은 4기통에서 20~35Hz, 6기통에서 30~50Hz이고 흔들리는 진동 5~10Hz로 엔진의 연소 불균일로 발생하며 엔진 롤 진동이 주요한 요인이다.

③ 주행 중 엔진룸 내의 환경에 대해서

최근의 차량에서는 중요한 전자 두뇌가 되고 있는 엔진룸 내 센서 및 ECU의 진동과 충격 및 온도환경에 대해서 다음의 표 6-3에 나타냈다. 이들의 복합환경조건 이상에 의한 평가내구시험이 필요하다고 생각된다.

● 표 6-3 엔진 룸 내 센서 및 ECU의 진동과 충격 및 온도환경 ●

환경조건	엔진룸 내	엔진 블록 위	
	ECU	ECU	센서
온도범위	-40~125℃	-40~125℃	-40~175℃
진동	최대 3G	최대 10G	최대 40G
충격	최대 20G	최대 30G	최대 50G

6-2 장치·제품·부품에 대한 시장환경

1. 자동차 부품의 신뢰성 보증

일본의 자동차 산업은 21세기에 들어와 한층 더 세계로 향해 시장과 생산기지를 넓혀 가고 있다. 이 성장과정에는 누가 뭐라 해도 높은 제품 신뢰성과 연비의 향상에 대한 노력이 크게 공헌하고 있다. 지구상의 구석구석까지 모든 지역의 기상환경과 도로 등의 지리적 환경에 대응하고 기대하는 성능을 발휘하며, 안전하고 쾌적한 신뢰성 보증을 확실하게 발전시켜 온 결과, 세계적인 규모로 얻어진 성과라고도 할 수 있다.

최근에서는 개발기간의 단축만이 아닌 새로운 동력 시스템에 대응하기 위한 새로운 기구의 개발·고도의 카 일렉트로닉스에 필요한 차재전용 LSI·DSP 보드 등이 생겨나 더욱 정밀도가 향상되고 고도화되어 있으며 이러한 자동차업계 전반에 필요한 효율적인 신뢰성 보증 시험방법이 요구되고 있다.

자동차·자동차 부품의 신뢰성 보증에 대해서 아래와 같은 내용으로 정리할 수 있다. 필요한 대형 환경시험설비로는

① 고온 시험실 시험장치

온도·습도·햇빛 등에 대한 차량의 내환경 성능을 평가하는 시험실에서 설비되어 왔는데, 최근에는 상면(床面)에 4바퀴 각각의 차축에 진동을 가하는 단축 혹은 다축 진동기 4대가 설치된 고도의 대형 복합환경장치도 생겨났다.

주행 중의 복잡한 환경진동의 시뮬레이션 시험을 위해 험로와 오르막과 내리막의 급커브 내구시험까지 복합환경에서 실시하고 있다. 근래 외국에서 평가가 높아지고 있는 주행 중 차량 실내의 정숙성 등도 이러한 고도의 복합환경시험 장치에 의해 차량 실내의 차재기기의 정숙성 평가·차체, 도어, 프레임 등의 소음·진동흡수 등에 효과적으로 공헌하고 있다. 이른바 내구시험에서 장치(자동차)의 정숙성·편리성으로 복합환경시험 목적의 고도화라고 생각할 수 있다.

② 저온 시험실 시험장치

저온 시험실에서는 실제 저온환경 상태를 재현하고 차량 및 차량 구성부품의 내환경 성능 평가를 수행해 왔다. 하지만 근래와 같이 카 일렉트로닉스화가 엔진제어·운전제어 등 차의 두뇌에 연관되기 시작하면서 단순한 편리성뿐만 아니라 운전자의 안전을 지

키고, 공공도로의 사회적이며 안전한 질서 유지에도 크게 관계하고 있다. 이 때문에 차량 및 차량부품에 들어간 전자기기 두뇌에 대해서도 단순 내구시험만이 아닌 가혹한 상태에서의 안전동작 확률 100%를 요구하는 시험으로서 복합환경하에서 시험이 실시되고 있다.

〈자동차 및 자동차 부품의 신뢰성 보증 항목의 특징〉
　㉮ 구성부품이 많은 만큼 계열부품 메이커의 수와 재질의 다양성
　㉯ 자동차 메이커 개발품 신차의 생산은 최종 어셈블리로 출하
　㉰ 메이커·부품 메이커 모두 대량생산
　㉱ 사용자에 따라 크게 불규칙한 차량사용기간
　㉲ 사용자의 관리에 의존한 보수정비로 인한 불규칙
　㉳ 사용상황에 의한 부하(환경조건·사용조건·관리조건)의 다양성

이상의 항목에서 가전제품과는 다르며, 제조부터 사용범위를 고려하면 산업기기와도 크게 다르고, 세계 각지의 기상환경과 도로환경에 따라 부하가 바뀌며, 최대의 부하 변동이 사용하는 사용자에 따라 크게 바뀐다. 가정에 차가 한 대인 경우에도 운전자는 복수의 개성을 가지는 것이다.

2. 시장부하의 파악과 주행 상황의 환경

자동차의 사용 환경 스트레스 인자로서 온도환경을 생각해보면, 자동차 자체가 발열원이고, 주요 열원은 엔진의 발열, 트랜스미션 및 브레이크 계통의 마찰에 동반하는 발열이라고 생각할 수 있다. 특히 고온 기상환경에서의 등반 주행이나 차량정체 시의 엔진 룸 내부는 열에 혹독한 조건이 되고, 부분적으로는 150℃ 이상 상승한다.

이렇게 자동차가 사용되는 환경이나 조건은 여러 가지로 다방면에 관계되고 있으므로 시장 부하에 대해서는 정리하여 파악할 필요가 있다.

사용 환경 스트레스 인자를 생각하면, 다음과 같이 분류하여 시장부하를 파악해볼 수 있다.

① 열 부하는 고온상태와 저온상태이고, 여기에 급격한 온도변화에 따른 열팽창과 결로(結露)에 의한 고습상태

② 주로 주행상태에서 받는 하중부하가 있고 발진에서 구동, 브레이크 제동, 도로요철 및

포장상황과 미포장 구역의 지질, 오르막, 내리막 급커브 등의 운전조작.

③ 세계 각국의 기상상황의 차이, 산소·산성비·오존·태양광선·제설제.

시장부하 조사에는 다음과 같은 것이 필요하다.

① 실제 차에 의한 시장 주행 시의 계측 데이터로 조사
② 시장 불량품을 입수하여 엄밀한 조사, 분석에 의한 확인
③ 폐차에서 제품·부품을 입수하여 라이프 사이클을 조사
④ 각 조사에서 얻어진 정보와 자료로 실환경 시뮬레이션 시험을 작성

상기 항목에 연관된 사항에 대해 개별 사례를 포함하여 소개한다.

(1) 차재기기의 실사용 상태의 열화에 대해서

자동차용 전자기기의 신뢰성시험은 일반적으로 JASO-D001의 환경시험방법 통칙을 바탕으로 수행된다. 가속성 평가를 중시하는 MIL 규격보다 기본적으로 환경 시뮬레이션의 개념(IEC 규격에 가까움)으로 수명 추정에 많은 시험시간이 투입되고 있는 것이 현재 상황으로 생각할 수 있다. 가속수명시험의 개발과정에서 10년 이상 사용한 폐차량의 전자기기(차실내 탑재기기로 한정) 150대를 회수하여 조사한 결과의 보고를 소개한다.

폐차의 전자기기를 조사한 결과를 정리하면 다음과 같다.

① 모든 전자기기는 전기 접속상 전혀 문제가 없지만, 일부분 외관상 리드 핀 주변에 크랙(그림 6-1 참조)이 발생하였고, 이들 크랙의 깨진 면은 그림 6-2에 나타낸 것처럼 입상화된 전형적인 열피로(熱疲勞) 파면을 나타내고 있다.
② 크랙 발생 부위는 리드 핀 근방과 기판 구멍 주위의 땜납 필릿 부에 한정되고 있다.
③ 크랙 발생 부위는 다른 부분에 비해 α상(Pb rich)의 조대화가 현저하고, 응력 인가방향에 대해 가늘고 긴 형태로 되어 있는 것이 특징이다. 또한 그림 6-2에 나타난 것처럼 크랙은 α상과 β상(Sn rich)의 계면을 따라 진행되고 있는 것처럼 보인다.
④ 크랙 발생 부위는 리드 핀 근방에도 발생하고 있지만, 리드 핀 계면으로부터 박리된 것은 1대도 없었다. 크랙은 땜납 자신 속에서 발생하고 있었다. 조사 시료의 리드 핀 재질은 대부분 Cu에 Sn 또는 땜납 도금을 실시한 것으로 Ni도금(Sn의 확산방지용 배리어 층)을 처리한 것은 적다.

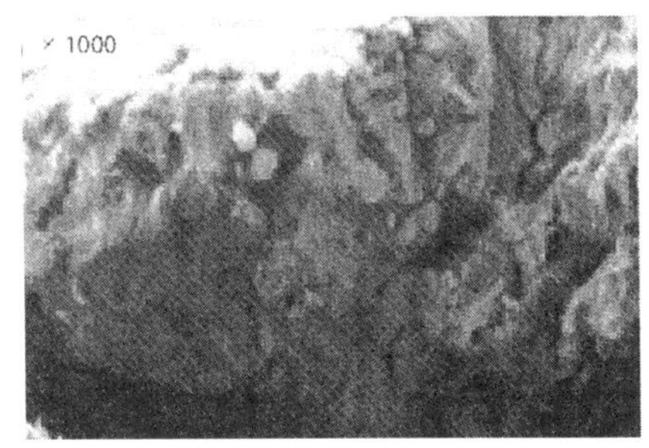

● 그림 6-1 크랙부의 파면 ●

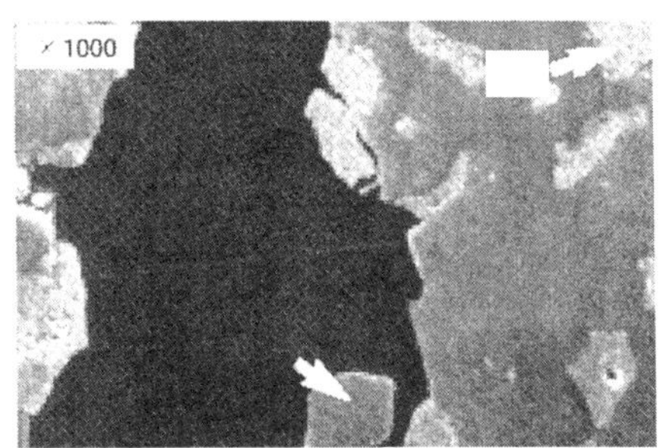

● 그림 6-2 크랙부의 확대단면 ●

폐차 전자기기의 조사결과로부터 열화 메커니즘을 추정해보면, 다음과 같다고 보고되어 있다.

① 실환경의 온도 사이클에 의해 땜납 접합부에 반복된 응력이 인가된다.
② Sn의 확산이 촉진되어 α상의 조대화가 진행된다.
③ 응력방향에 대해 안정된 저에너지 상태를 유지하도록 하기 위해 α상이 가늘고 긴 형태가 된다. 특히 α, β상의 계면에서는 격자결함(lattice defect)도 많아서 응력인가에 의한 전이확산이 발생한다.
④ α, β상의 계면에서는 결정입계에 미소공혈이 발생하여 파괴응력의 저하를 초래한다.

각종 검토에서 얻어진 자료를 바탕으로 온도 사이클(氣相)에 의한 가속수명시험을 -40℃ ~+125℃로 땜납 접합부 수명평가방법을 실시했다고 보고되어 있다.

이것은 어떤 시기부터 자동차 메이커에서 각 부품 메이커에게 기존에 수행되던 냉열충격시험의 열충격 횟수를 대폭 늘려(3000회) 사용부품의 신뢰성을 더욱 높이도록 한 요구의 기초가 된다. 품질보증을 높이는 작업이었다고도 말해지고 있다.

(2) 시험장에서의 시험결과와 시장에서의 불량결과에 대해

시험장의 테스트 코스에서의 험로주행 시험결과와 시장에서의 불량의 비교를 나타낸 예를 그림 6-3에 나타냈다.

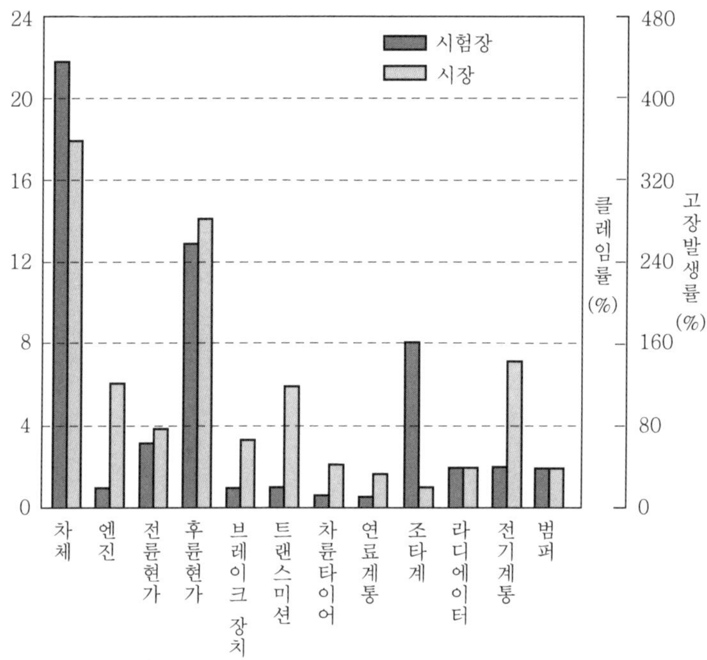

● 그림 6-3 시험장과 시장에서의 불량 발생률 비교 ●

그림 6-3의 결과에서, 차체와 조타계는 시험장의 고장률이 시장에서의 고장률을 상회하고, 엔진·브레이크·트랜스미션·전기계는 반대로 시장에서의 고장률을 크게 상회하고 있다.

다음으로 오래된 데이터이지만 시험장에서의 고장률과 시장에서의 고장률에 대한 (시장과 proving ground의 비교) 포드 사의 자료를 그림 6-4에 나타냈다.

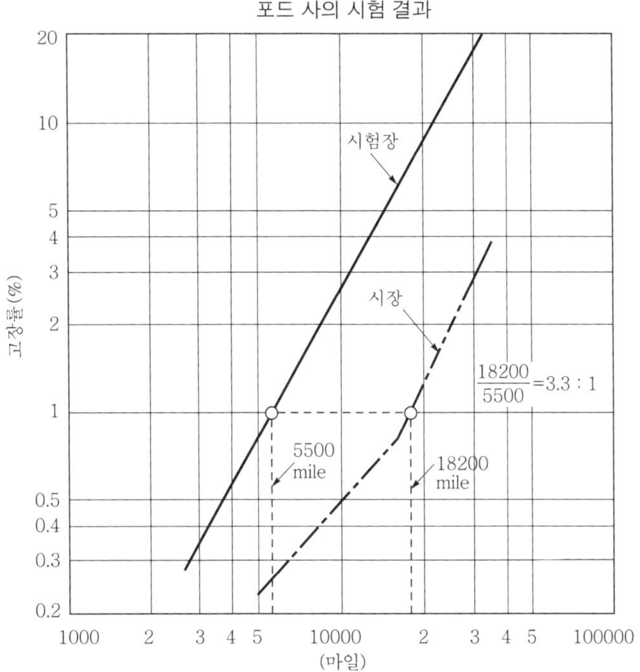

● 그림 6-4 시험장의 내구시험과 시장고장 데이터의 상관관계 ●

그림 6-4의 결과에서 시험장에서의 주행거리와 고장률과의 관계는 2700마일에서 3000까지 일정 관계를 그림은 보여주고 있는데, 흥미 있는 데이터는 시장에서의 불량률과 주행거리와의 관계에서 5000마일에서 18000마일까지는 시험장의 고장률을 밑돌지만, 2000마일 부근에서부터 고장률이 급격하게 변해 상승하고 있다는 것이다.

앞으로의 복합환경시험

4부

제7장 앞으로 필요하게 될
    복합환경시험
제8장 복합환경 시험에 관한
    시험규격

7장
앞으로 필요하게 될 복합환경시험

1. 온도·습도와 진동파형의 조합

복합환경시험으로 수행하는 평가방법에 대해 온도·습도를 가하는 방식과 각종 진동파형을 조합한 모델을 그림 7-1에 나타냈고, 이들 복합환경시험에 필요한 개념에 대해 제안을 한다.

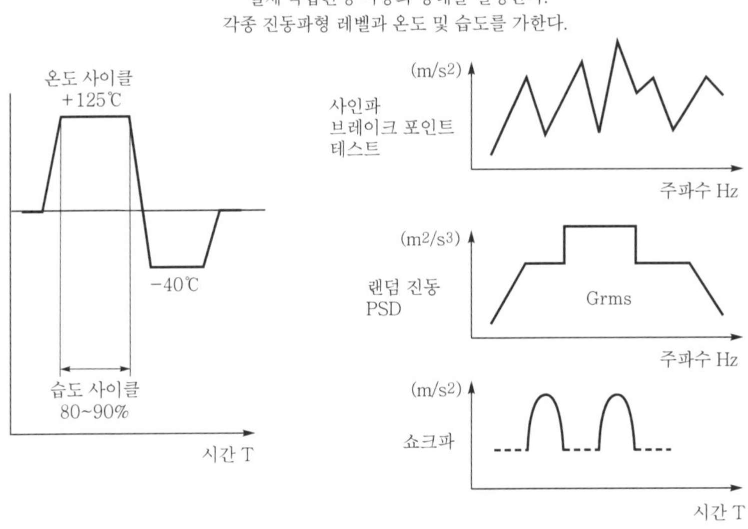

● 그림 7-1 복합환경시험 제안모델 ●

온도 사이클 시험의 온도범위는 차재기기에 사용되는 대표적인 온도범위 −40℃에서 ＋125℃를 제안하고 있다. 온도를 우선할 때에는 80%에서 90%를 재현할 수 있는 온도로 설정하고 온도변화율에 대해서는 분당 5℃를 제안한다. 온도 사이클 시험의 횟수에 대해서는 시험시료의 복잡도에 의해 결정지표는 달라지지만, 일반적으로는 10사이클로도 충분한 효과를 얻을 수 있다고 보고되고 있다.

이 복합환경시험의 개념은 실제 환경 이상의 상태를 설정으로 제시하고 있는 것처럼 환경시험조의 능력도 높은 장비가 필요하다. 당연히 설정가능 온도도 −70℃에서 +200℃를 얻을 수 있으면 더욱 가혹한 스트레스의 설정이 가능해진다.

진동시험은 온도·습도처럼 가하는 레벨이 아니라 각 종류의 진동파형과 그 파형의 조합을 일련의 시험 중에 재현하는 데 의의가 있다.

여기서 가하는 3종류의 진동파형에 대해서 이 파형 스트레스 효과의 개념에 대해 설명하고 조합순서에 의한 실환경의 진동평가에 대해서 제안한다.

사인파형의 브레이크 포인트 테스트란 그림 7−1에 나타낸 것과 같이 통상적으로 수행되는 정현파 소인시험과는 달리 사인 가속도 레벨 일정인 주파수 범위는 작거나 설정하지 않은 채, 복수의 주파수축 상의 포인트에서 낮은 주파수의 포인트로부터 지그재그로 가속도 레벨이 다른 포인트와 연결된 선을(가속도 일정이 아니라) 따라 진동가속도 값이 변화하면서 진행하는 테스트이다. 목적은 진동주파수 범위 내에서 중요하다고 여겨지는 주파수에 특정 주파수를 가하는 포인트 시험이다.

복수의 공진점 내구시험과 비슷하지만, 다른 점은 브레이크 포인트 테스트는 그 테스트 패턴으로 소인이 수행된다는 점이다. 시료에 가혹하다고 여겨지는 진동주파수 포인트에 진동가속도를 가하는 연속적인 시험이고, 선정된 포인트는 시료가 실제 환경에서 받게 될 가혹한 진동 스트레스를 집중적으로 재현한다는 점에 있다.

랜덤진동시험에 대해서는 여기서는 특별한 내용은 가지고 있지 않다. 흔히 말하는 사용될 실사용 환경에서의 진동 스트레스 또는 가해두고자 하는 진동시험의 시험패턴을 생각할 수 있다.

충격시험에 대해서는 통상 3~30ms의 펄스 폭 시간에서 가속도 피크 값은 5~30G라고 생각할 수 있다. 시료에 가한 충격이 감쇠한 후 다음 충격을 가하거나, 충격이 중첩되는 시간간격으로 가함에 따라 시료의 동향이 바뀌게 된다. 후자의 시험방법은 시료가 충격진동을 받아 감쇠하는 도중에 다음 충격이 가해지기 때문에 이 순간에 일어나는 현상은 마치 험로주행 중에 도로의 요철 때문에 운전자나 동승자의 기분이 나빠지는 것을 떠올려보면 이해할 수 있으리라 생각한다. 이렇게 충격이 중첩되면서 순간적으로 다양한 변위·속도·가속도의 조합이 발생하여, 시료 내의 구조상 유연한 부분의 다방향으로 향한 변위에 의한 접촉, 유연한 스프링에 지지된 부품 등의 복잡한 움직임이 재현된다고 생각할 수 있다.

복합환경시험 모델의 각 환경시험의 스트레스 패턴에 대해 설명내용을 통해 실제 조합을 생각해볼 수 있다. 온도 사이클 시험의 온도범위와 온도변화율을 한 종류로 수행하거나 진동파형과의 조합으로 각각 준비하거나 또는 진동파형을 가하는 순서를 어떻게 하는지가 중요하게 된다.

그림 7-1의 타이틀에서 제시하고 있는 온도범위로 시료에 10회의 온도 사이클 테스트를 수행하고, 다음에 상온과 −40℃와 +125℃로 각 2시간 랜덤진동을 가한다.

다음으로 온도 사이클 10회 테스트 중 충격진동의 범프 시험을 수행한다. 다음으로 −40℃로 10시간 브레이크 포인트 테스트를+125℃로 10시간 브레이크 포인트 테스트를 수행하는 프로필을 제안한다. 각 시험단계가 바뀌는 시점에서 시료의 상태를 관찰하고 계측하는 것은 중요한 작업이 된다.

그림 7-2에 차재기기의 평가시험을 간단히 분류한 순서를 나타내둔다.

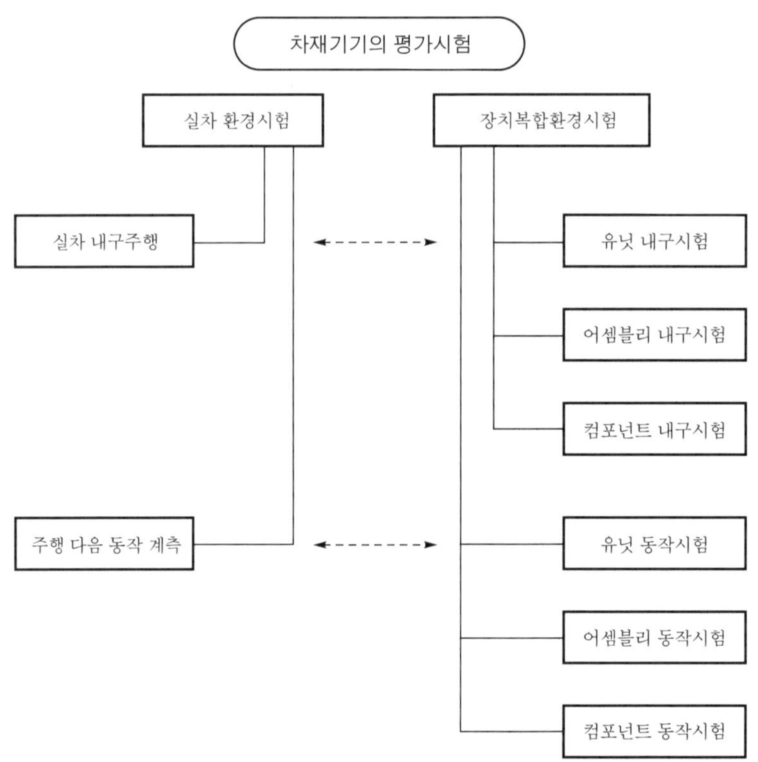

● 그림 7-2 차재기기의 평가시험을 분류한 순서 ●

주행 중에 받는 차재기기의 스트레스는 주행노면의 요철에 의한 하중부하와 운전자의 조작에 의한 조작하중이 있고, 급격한 경사의 오르막 내리막의 사행이 더해지면 차량 자체에서 발생하는 열부하와 진동이 더욱 가해진다. 이 환경이 세계적인 지리조건에 따라 변화하고, 생각할 수 있는 많은 환경에서 주행 시 동작의 실가동상태 계측값에 의한 장치시험도 필요하게 된다.

이와 같이 자동차가 사용되는 세계적인 도로환경과 기상환경은 다양하다. 캐나다 북부·시베리아의 혹한기의 온도는 −50℃에 가까운 경우도 있고, 한편 아프리카·아라비아 반도에서는 여름철에 +50℃가 되기도 한다. 저온조건에서는 각종 기기의 작동하중은 증대하여 사용재료의 충격 등 기계적 스트레스에 약해지고, 고온조건에서는 수지재료의 강도부족과 열화가 발생한다.

복합환경시험모델 검토의 참고로서 자동차 부품·차재기기의 환경에 대한 불량상태에 대해 정리하여 표 7−1에 나타냈다.

● 표 7−1 자동차 부품·차재기기의 환경에 대한 불량상태 ●

환경 조건	상정 가능한 불량상태
온도	수지, 고무열화, 접동부 소부
저온	봉인부에서 누출, 작동부하 증가
냉열실(seal)	개스킷 주저앉음, 땜납 균열
습도	수지강도 저하
험로	부싱 파손, 바디 피로 변형, 균열
자갈길	튀어 오르는 돌에 의한 차체 상처, 변형, 도장 벗겨짐
눈 · 비 · 침수	전장품 누전, 부식, 접동부 마모
전파, 전기	전장품, 전자부품 오작동

2. 제품 · 부품의 결함 검출방법

(1) 구조물의 진동에 대한 반응에 대해

구조물에 전해지는 진동의 전달은 각양각색으로 각 부분이 가지는 고유진동수에서 공진이 일어난다. 그림 7−3은 각각의 부품공진(f_1, f_2)과 장착기판이 치수와 기판 두께의 차이에 의해 발생하는 공진의 차이(f_3, f_4)를 나타내고 있다. 따라서 외부에서 가해지는 진동(그림에서는 가진주파수)에 의해 각각 다른 주파수에서 공진한다.

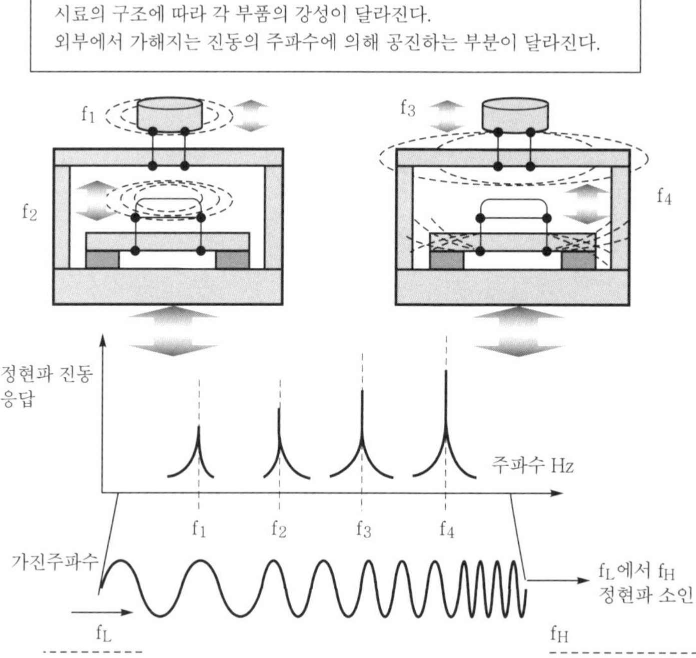

● 그림 7-3 장치의 구조에 의해 강성이 달라지고 진동특성도 변한다 ●

실제로는 $f_1 \sim f_4$까지의 진동주파수 성분을 가진 외부진동이 가해지면, 각각 다른 공진진동으로 동시에 진동한다. 예를 들어, f_1에서 부품이 공진하고 있는 경우와 f_3이 공진 시에 f_1이 공진한 경우에는, 그 크기는 각각이 가진 공진배율이 조합되어 더욱 크게 진동하고, 진동시의 진폭위상도 달라진다. 그리고 f_1의 리드에 의해 지지된 질량은 크게 움직여 리드의 기판 땜납 부분 또는 부품 내 리드 접속부에 큰 진동 스트레스가 가해진다. 이렇게 장치, 부품에 어떤 공진 모드가 있는지를 계측할 필요가 있다. 공진점 검출시험 방법에 대해서는 제5장의 2항 복합환경시험으로 계측할 수 있는 부품 특성의 항을 참고하기 바란다.

(2) 차재기기의 공진진동 내구시험에 대해서

여기서, 차재기기의 공진진동 내구시험에 대해서 필요한 항목을 다음에 나타낸다.

공진점 검출시험 방법의 대조가 되는 진동수 범위는 낮은 주파수는 5Hz 부근부터 높은 주파수는 50, 100, 200Hz까지로 하지만, 앞으로는 400Hz 부근까지 필요하게 되리라 생각한다. 정현파 소인주기는 600, 900, 1200(최소)으로 하고, 진동가속도는 1~4G에서 변위제한이 나타나고 있어 최대변위 $0.4mm_{p-p}$ 이내로 수행한다고 되어 있다. 이것은 저주파수에서 가속도 값이 낮아도 변위는 커지기 때문이다. 5Hz에서 0.4mm$_{p-p}$는 가속도로 환산하면 약 0.02G이다.

0~200Hz 사이에 공진이 존재하는 시료에 대해서는 공진진동 내구시험 방법으로서 이 시험을 실시한다. 이 시험을 차량 상의 브래킷 장착상태와 공진 진동수로 시료를 분류하여 수행한다. 시료의 공진 진동수로 공진시험을 계속하면 가진상태가 불안정해질 경우에는 공진 진동수의 ±3Hz를 12sec로 소인함으로써 항상 공진 진동상태에서 시료에 진동을 가한다는 것을 확실히 할 수 있다. 복합환경시험으로 실시하는 경우, 온도환경은 저온·상온·고온의 각 온도에서 100, 200, 300만 회의 공진진동 내구시험이 추천되고 있다.

(3) 장치에 내장된 프린트기판의 진동거동에 대해서

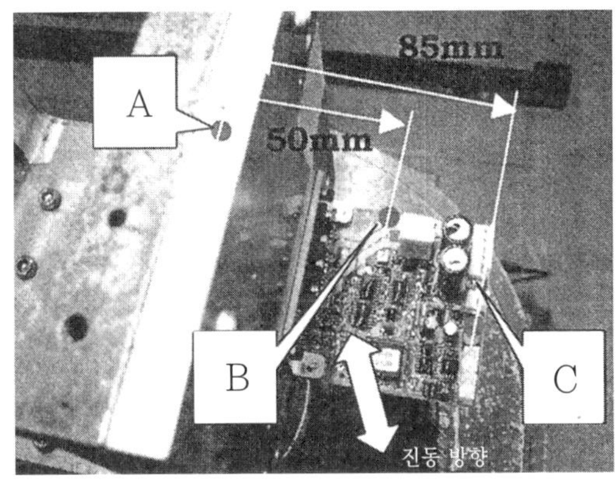

● 그림 7-4 장치에 내장된 기판의 진동거동 ●

그림 7-4의 사진에서 장치에 내장된 프린트기판의 진동거동에 대해서 실제의 계측 데이터를 이용하여 설명한다. 알루미늄 장착 판이 고정되어 있는 진동기 진동대에 정현파 진동 1G 20Hz의 가속도 진동을 A점에 가했을 때 어떤 시간에서의 진동파형의 크기 및 방향을 기준으로 하여 A점에 대해 B, C점에서의 가속도 진동의 크기와 방향을 계측함으로써 가해진 진동에 대해 B, C점이 어떻게 거동했는지를 확인한 자료이다. 이렇게 시료는 항상 동일한 진동모드로 움직이고 있지 않다.

그림 7-5는 위에서 A, B, C점의 가속도 파형을 시간경과 속에서 나타내고 있다.

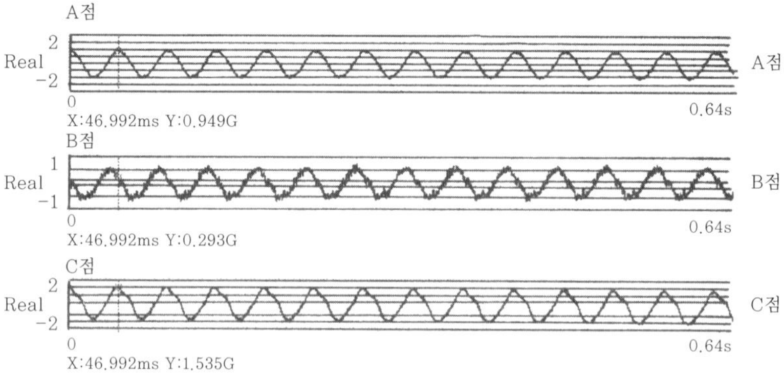

● 그림 7-5 측정점 A·B·C의 가속도 파형 ●

그림 7-5에서 가속도 파형의 시간축에 대한 변화에 주목하면, A점 진동에 대해 B점은 그림으로는 알기 어렵지만 7ms 파형이 벗어나, 진동거동에 위상차가 발생하고 있다.

그림 7-6은 어떤 시간경과 속에서 경과시간에 대한 각 측정점의 가속도 값을 그린 데이터도이다. 가해지는 진동이 일정 주파수 진동이라도, 각 측정점의 진동값 변화로부터 기판의 각 부분에서는 다른 진동모드에서 거동하고 있다는 것을 이해할 수 있다.

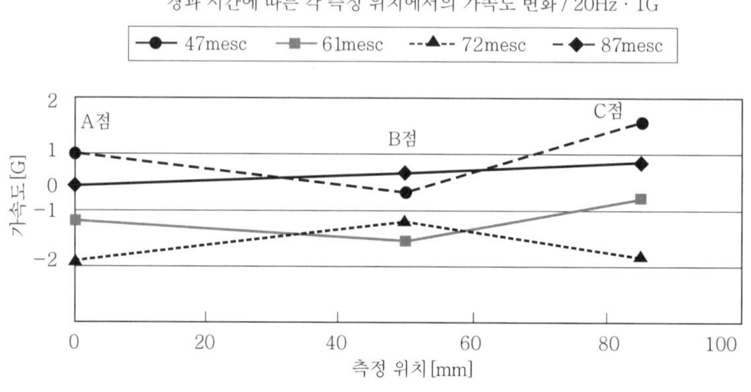

● 그림 7-6 경과시간 속에서의 프린트기판 각 점의 진동값 변화 ●

(4) 결함검출 온도 사이클 시험의 온도범위와 온도변화율의 결정지표

온도 사이클 시험이 결함검출에 유효하다고 하여 온도범위와 온도변화율의 결정지표에 대해 그림 7-8을 참고로 하여 나타낸다.

그림의 (a), (b)는 어디까지나 논리 모델로서 제시하고 있으며 온도 사이클 시험에 의한 ESS를 실시했을 때의 시험효과의 사고방식이다.

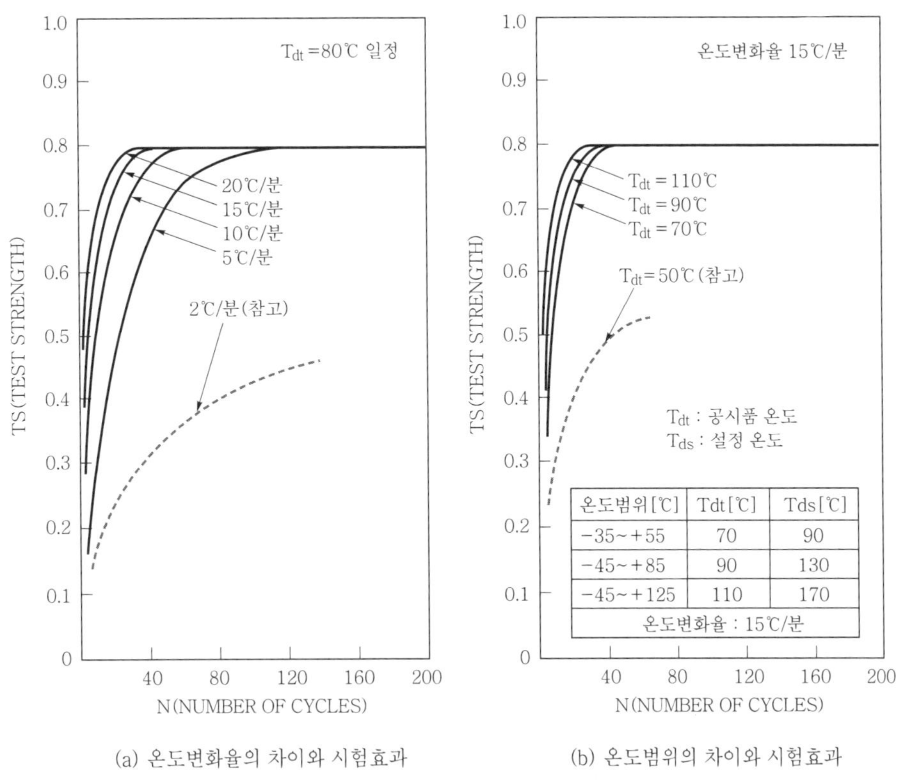

온도범위[℃]	Tdt[℃]	Tds[℃]
−35~+55	70	90
−45~+85	90	130
−45~+125	110	170
온도변화율 : 15℃/분		

(a) 온도변화율의 차이와 시험효과   (b) 온도범위의 차이와 시험효과

● 그림 7-8 결함검출 온도 사이클 시험의 온도범위와 온도변화율의 결정지표 ●

그림 (a)에서는 온도변화율이 큰 만큼 시험효과가 증대하는데 5℃/분 이상이 효과가 있다고 생각되고, (b)에서의 온도범위는 70℃ 이상이 효과가 있다고 생각된다.

(5) 정현파 진동시험 시간과 시험온도에 대한 결정지표

그림 7-9에서 정현파 진동의 TEST STRENGTH (TS)는 다음과 같이 생각할 수 있다. 20℃에서 TS는 약 60분으로 포화 경향을 보이며 100℃에서는 약 20분으로 포화 경향을 보이고 있다. 일반적으로 인식되고 있는 고온에서의 프린트기판에 대한 진동시험 효과가 이곳에도 나타나고 있다. TS의 도달 레벨에서 100℃에서의 진동시험은 20℃의 약 2배의 시험효과를 이해할 수 있다. 일반적으로 진동레벨을 변경해 올리는 것보다 온도 레벨을 올리는 것이 시험효과를 올릴 수 있다고 생각된다.

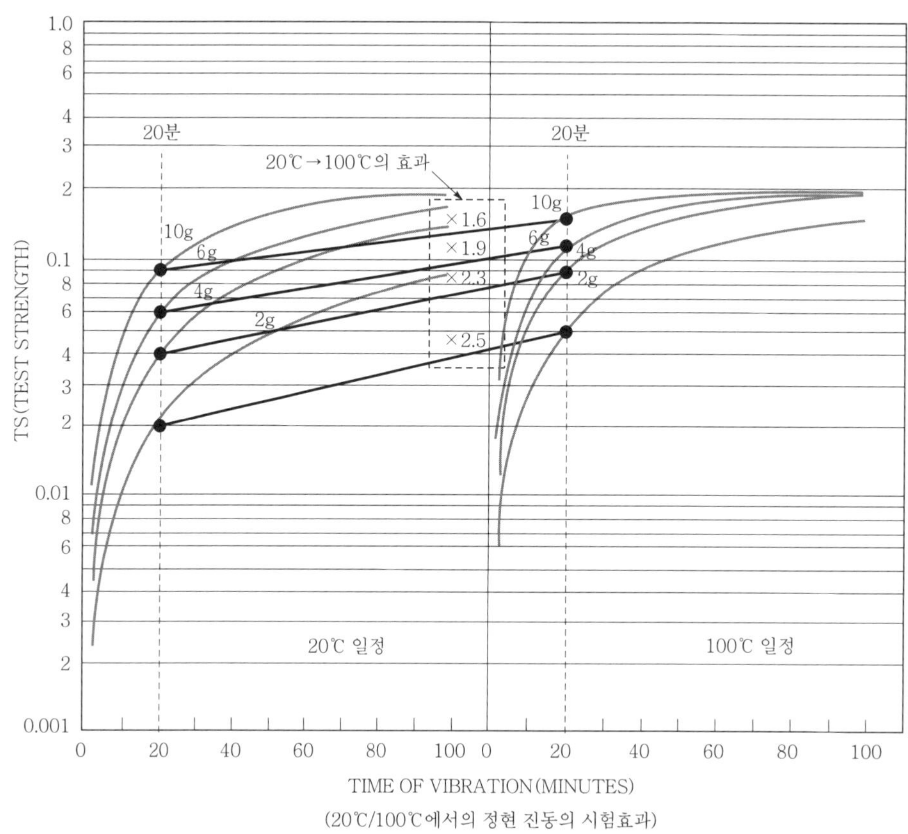

● 그림 7-9 정현파 진동시험 시간과 시험온도에 대한 결정지표 ●

(6) 진동시험 중 시료의 거동계측에 대해

복합환경시험에 의한 개발품 및 제품·부품의 불량 사항에 대한 평가로서 실시 시험 중 확실한 평가와 분석에 필요한 시료의 반응 데이터가 진동제어와 온·습도제어(스트레스 인자)에 대해 시시각각인 관계와 관련이 중요하고, 그 내용의 적확한 계측 데이터의 보존과 분석이 필요하게 되었다. 평가시험 중에 시료가 반응하는 파괴·파단, 동작상황의 변화(커넥터·땜납 등 접촉 불량 및 절연저항 열화·전자부품의 수치변화) 및 그 영향으로 발생하는 전원변화에 의해 동작불량이 일어난다. 시험 중인 데이터의 비교를 용이하게 하기 위해 그래프의 중첩 표시, 트렌드 그래프, 차트 그래프가 필요하게 된다.

참고로 시험 샘플「메커니컬 릴레이」의 진동시험 시의 순단 발생횟수와 진동주파수와 가속도 값을 표시한 데이터 다이어그램을 그림 7-10에 나타낸다.

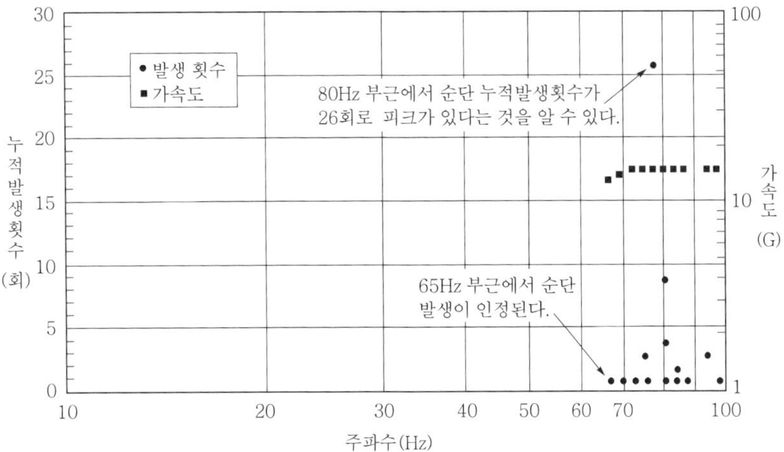

● 그림 7-10 메커니컬 릴레이의 순단 발생횟수와 진동주파수와 가속도 값 ●

그림 7-10에 온도·습도의 트렌드를 동시에 표시할 수 있으면 이상적이다. 순단 발생의 데이터 다이어그램을 나타낸 그림 7-10의 시험조건으로는,

- 계측 케이블의 접속은 릴레이 접점(B접점) 양끝의 단자에 계측용 동축 케이블을 땜납으로 접속.
- 순단평가의 설정값에 대해서는 인가전류 10mA, 순단검지레벨 1.0V, 순단시간 500nesc 이상을 검출.
- 진동시험설정은 소인주파수 10~100Hz 왕복 2분에 20회, 진동레벨 10~70Hz 1.5mm$_{p-p}$ 일정, 70~100Hz 15G 일정.

복합환경시험에서 가하는 온도·습도·기계적 진동에 대해 시료응답의 계측에 대해서 필요한 데이터는 디지털 측정기기(전류·전압·저항)에 의한 계측, 왜곡 게이지에 의한 팽창·수축의 계측, 가속도 P.U에 의한 시료의 계측점의 진동값을 생각할 수 있고, 시험 중 시료의 동특성·공진주파수·공진배율의 변화를 계측하는 것도 중요하다.

무엇이 상정되는지 대표적인 내용에 대해서 기술한다.

① 랜덤시험 중 시료 계측과 판정 정보의 적출로서 가진 랜덤패턴에 대해 시료의 중요 계측점의 랜덤패턴을 중첩 표시하여 실제 진동스트레스가 판단되고 파단·변형과 같은 불량 발생의 초기상황을 시험 스케줄 진행 중에 확인할 수 있다.

② 충격시험 중 커넥터 접촉·실장 하네스의 단선 내용 적출은 진동발생기의 충격파 내용을 변화(충격피크 가속도 값 및 작용시간)시키면서, 시료 계측점의 가속도 값 또는 순단 현상을 로우 임피던스로 계측함에 따라 불량발생의 초기상황을 시험 스케줄 진행 중에서 확인할 수 있다.

③ 공진시험 중의 피로 내용 정보의 적출로서 상기 ①②의 시험에도 적용할 수 있지만, ①②에서 확인된 데이터 분석에서, 시료에 더욱 가혹한 온도·습도와 공진 진동수에 의한 내구복합환경시험을 실시하여 가속도 피로시험 데이터를 얻을 수 있다면, 단계적으로 데이터량을 분석하여 이 분야에서 새로운 피로 가속도 계수를 얻을 수 있을 것으로 생각한다. 시료 진동모드의 고진동수 진동화상처리기술이 발전되면 릴레이 접점·커넥터 순단의 기계적 스트레스에 대해 유효한 평가사례를 얻을 수 있을 것이다.

③의 내용에 대해서 그림 7-11에서 설명한다.

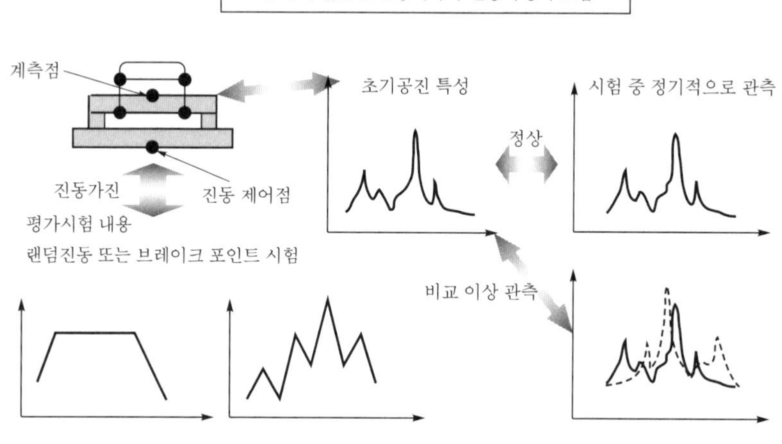

● 그림 7-11 시험 중 진동계측에 의한 초기 이상현상 검출 ●

계측점의 진동특성을 복합환경시험을 시작할 때 계측하여 진동특성으로 한 것이 초기공진특성이다. 설정되는 온도환경이 저온·상온·고온이라면 각각의 온도에서 초기공진특성을 계측하여 그래프화해둔다. 각각의 온도 환경에서 랜덤진동·브레이크 포인트 시험·공진점 내구시험을 하여 정기적으로 진동특성을 계측 분석하고, 초기공진특성과 비교하여 시료에 이상(금, 크랙, 벗겨짐 등)이 발생하면 눈으로 확인되기 전에 초기공진특성의 변화로 이를 파악하여 시험을 중지하고 시료 내부를 포함해 관찰함으로써, 한 발 빠르게 고장 현상을 해석하고 이상현상을 판단할 수 있게 된다.

3. 제품·부품의 결함제거와 개선

(1) 차재기기 오디오의 1999년 리콜 내용에서

차재기기 오디오의 1999년 리콜 내용에서「NHK의 뉴스에서도 차재 스피커 화재 요주의」로 방송된 내용을 소개하고 불량의 결함제거와 개선에 대해 설명한다. 불량 신고내용 : 음향기기의 오디오 본체의 배선기판에서「장치 내 내장 기판의 제조공정이 부적절하여 콘덴서가 손상되어 있는 것이 있어」현상대로 사용을 계속하면 배선기판에 들어간 콘덴서의 단자 사이가 단락되어, 출력 스피커에 과대한 전류가 흘러 발열하게 되고, 최악의 경우 화재에 이르게 될 우려가 있다. 원인과 상황을 통해 손상 콘덴서의 역할을 다음과 같이 추정한다.

- 스피커에 과대한 전류가 흐르게 될 우려에서, 앰프 출력과 스피커를 교류로 접속하는 커플링 전해 콘덴서를 상정할 수 있다.
- 콘덴서 또는 장착기판의 양 단자간의 교류적인 절연이 파괴되어, 스피커에 앰프의 직류 게인 분의 출력이 걸리고 스피커 코일이 발열, 연손 또는 앰프의 출력전류 과다에 의한 앰프의 연손이 발생한다.

이를 고찰해보면 프린트기판의 땜납 접합부의 신뢰성과 콘덴서의 리드 땜납 접합부 부근의 신뢰성 및 프린트기판에 대한 부품 실장상태의 내환경성으로서, 프린트기판에서 전해지는 진동에 대해 콘덴서 부품을 리드로 지지하는 부품중량의 공진 시에 대한 내구성이 있는지가 문제가 된다.

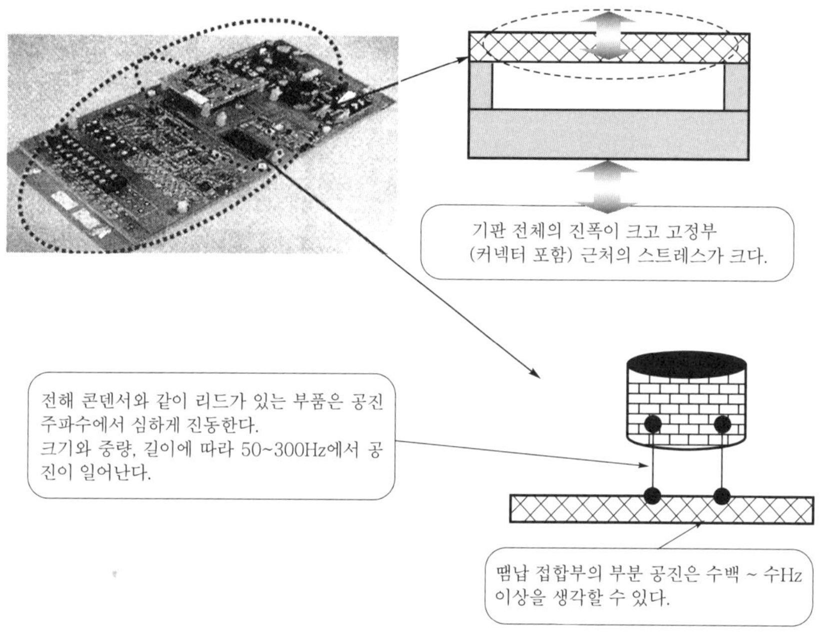

● 그림 7-12 프린트기판과 실장부품이 받는 진동에 대해서 ●

후일, NHK 뉴스에서 방송된 영상에는 스피커의 콘지 부근에서 발화현상인 연기가 비추고 있었다. 이때 영상해설에서는 진동뿐만 아니라 고온상태에 의한 피로가 겹쳐져 불량현상이 발생하게 되었고 발화에 미치는 영향에 대해 고온과 진동이 가해지는 차재기기의 환경이 지적되고 있었다.

그림 7-12는 프린트기판과 실장부품이 받는 진동에 대해서 나타낸 것이다.

외부에서 가해지는 진동에 대해서 프린트기판과 실장부품의 치수에 따라 다르지만, 약 10~200Hz까지와 땜납 접합부분이 영향을 받기 쉬운 진동수(공진점)가 다르다.

다음으로 실장 기판의 온도변화에 의한 열응력의 발생에 대해 설명하기로 한다.

실장 프린트기판의 온도변화에 의해 부품·소재간의 열팽창과 수축의 차이로 인한 열응력의 발생을 생각할 수 있다.

① 부품·소재의 열팽창계수의 차이 ← 부품·소재의 재질 차이

　　발생하는 열응력의 크기는 열팽창계수의 차에 비례하고 초기 온도에서의 온도변화율에 비례한다.

② 부품·소재의 온도차 발생 ← 열용량의 차이 ← 중량, 형상의 차이

발생하는 열응력의 크기는 열용량의 차에 비례하고 온도변화 속도에 비례한다.

그 밖에 부품의 자기발열 ← 실장 기판의 통전·동작

발생하는 열응력의 크기는 동작 스트레스, 입력전력의 차에 비례한다.

다음으로 복합환경시험 시 발생하는 열응력의 크기와 영향요인에 대해서 다룬다.

열팽창계수의 차이에 의한 영향 : 시험온도범위를 설정하여 컨트롤한다.

열용량의 차이에 의한 영향 : 온도변화의 변화율의 차로 컨트롤한다.

자기발열의 차이에 의한 영향 : 입력전압의 크기로 컨트롤한다.

이들의 참고 값으로서 일반문헌의 열팽창계수(m/m℃) 몇 가지를 예시해 둔다.

땜납(소재)	25.0×10^{-6}(m/m℃)
유리 에폭시판	37.0×10^{-6}(m/m℃)
IC용 세라믹 기판	7.0×10^{-6}(m/m℃)
IC용 리드 프레임	12.0×10^{-6}(m/m℃)

실장 유닛의 내장 상태에 대한 주의사항으로서 주위 진동에 대한 내진대책을 수행하고 장착 케이스와 실장부품과 배선기판의 고정 및 몰드나 쿠션재에 의한 방진과 내진대책이 필요하다. 상호 방진대책에 따른 방진주파수에 주의가 필요하고 자주 진동하는 주파수에서 부품이 간섭하는 특히 진폭의 위상에 주의한다.

또한, 장치 내의 발열과 방열 및 환기가 중요한데 이들 고온 변화와 진동에 의해 경년변화가 일어나고 부품·부재의 열화가 진행한다.

(2) 원형 프린트기판의 진동현상에 대해서

그림 7-13은 원형 프린트기판의 샘플 사진이며 그림 7-14에 원형 기판의 진동 계측점 ch2, ch3, ch4의 진동파형과 스펙트럼을 나타낸다.

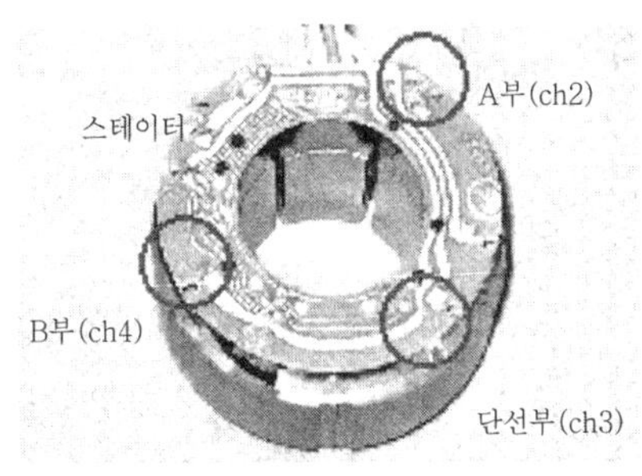

● 그림 7-13 원형 프린트기판의 샘플 사진 ●

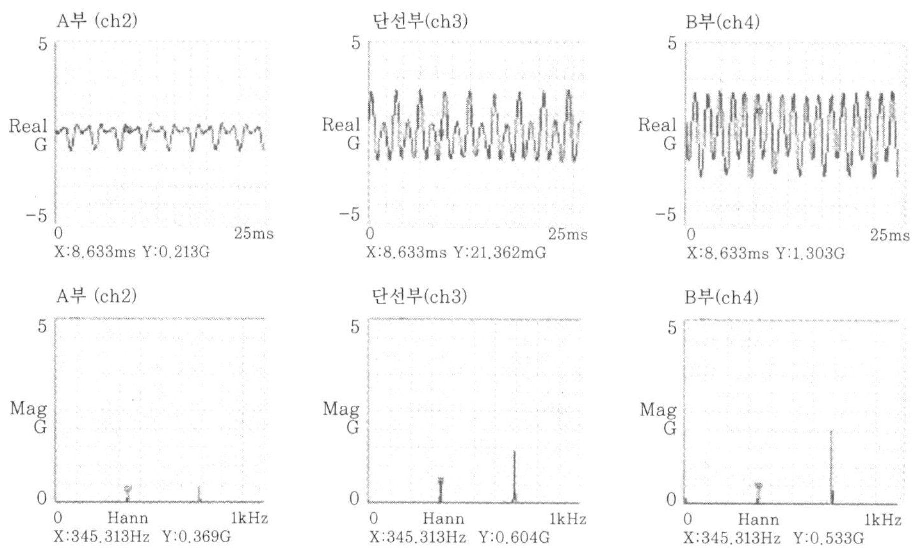

● 그림 7-14 원형 기판의 진동 계측점 ch2, ch3, ch의 진동파형과 스펙트럼 ●

시료의 원형 프린트기판은 장치의 스테이터로서 실장돼 내장되어 있다. 하부 부품에서 서포트 지주가 몇 개 있으며 ch2, ch3, ch4 부근에도 존재한다.

ch3에는 하부 부품으로부터 리드가 배선되어 있고, 본 장치가 가동상태에서 어떤 진동거동이 발생해 이 리드가 단선된다고 가정하면 원형 기판의 진동거동을 추적했을 때의 그림 7-14는 일부의 계측 데이터이다.

상온 시와 승온 시의 진동을 가했을 때의 데이터로부터 원형 기판의 3곳의 진동 데이터에 현저한 진동거동이 보이는 승온 시(장치 가동 시의 도달 온도 106℃)를 샘플 데이터로 하여 제품·부품의 불량에 대한 결함제거 검토방법으로서 채택한다.

그림 7-14 데이터는 장치 전체를 345Hz로 진동을 가했을 때의 각 계측점의 진동파형과 스펙트럼을 나타내고 있다. 원형 기판의 A부(ch2) 부근은 뒤쪽에 커넥터가 실장되어 있어 강성이 가장 높다고 생각되고 다른 곳과 비교해 진동값은 낮다. 다른 두 곳에서 현저하게 보이는 진동거동은 가동진동수의 2배의 주파수 진동이 크게 겹쳐져 있는 현상이다. 또한 ch3과 ch4의 겹친 진동파형이 다른 경우가 있다.

이와 같이 리드선 등의 중요한 부품 접속부의 진동거동과 공진특성에 대해서는 충분히 단품 및 실장상태에서 가동환경에서의 진동축도 고려한 평가가 필요하다.

(3) 실장 프린트기판의 진동 내구시험에 대해서

프린트기판 및 실장부품의 공진점 내구시험방법에 대해 소개한다. 샘플파에 의한 공진점 내구시험을 나타낸 것이 그림 7-15이다. 이 그림으로 고정주파수에 의해 공진주파수를 가하는 방법과 구성부품의 움직임에 대해서 설명하고 있다.

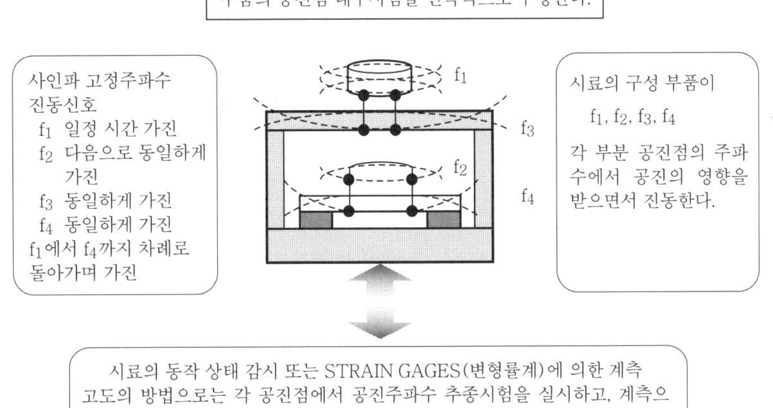

● 그림 7-15 고정주파수에 의한 공진주파수를 가하는 방법과 구성부품의 움직임 ●

그림 7-15 내에서 공진주파수 추종시험이란 시료가 피로 등으로 공진주파수가 변화했을 때, 그 변화(위상)를 계측하여 변화한 주파수에 진동수를 추종시키는 시험이다. 그림 7-16은 랜덤진동을 가했을 때의 구성부품의 움직임을 나타내고 있다.

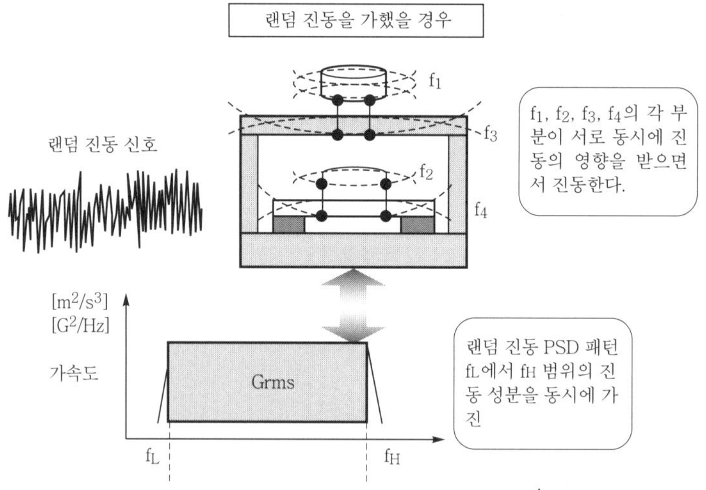

● 그림 7-16 랜덤진동 시험 시의 실장부품의 움직임과 랜덤패턴 ●

이러한 진동 내구시험은 (2)항에서 얻어진 장치부품의 진동거동 내용으로부터 결함제거와 개선을 위해 필요하다.

(4) 결함제거에 필요한 온도 사이클 시험의 결정지표

온도 사이클 시험에 의한 고장 검출에 효과적인 횟수에 대해서 그림 7-17에서 소개한다.

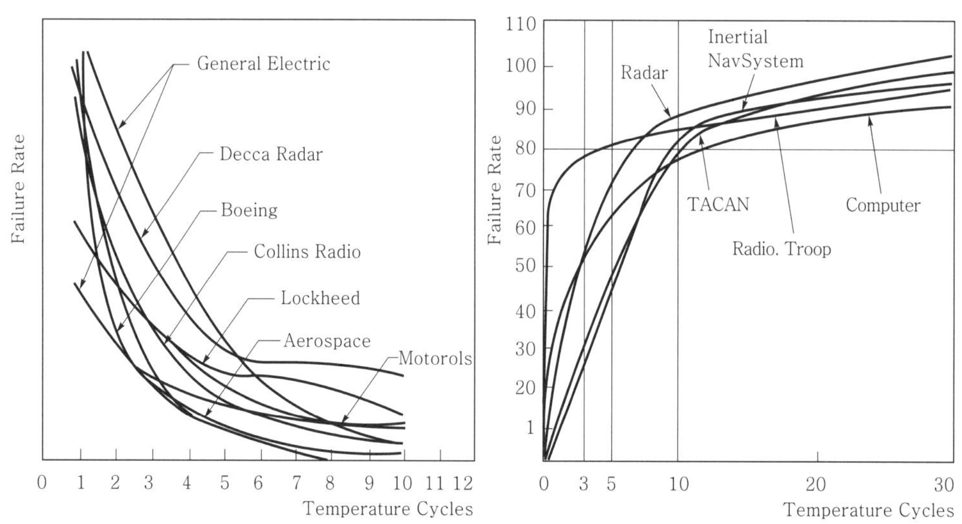

● 그림 7-17 고장검출률과 온도 사이클 수에 대해서 ●

그림에서 대상 샘플은 항공기 메이커와 유닛/시스템이다.

온도 사이클은 −54℃에서 +55℃까지를 5℃/분으로 온도변화를 주고 기기동작은 −54℃에서는 정지, +55℃에서는 동작 상태로 고온에서 저주파수 진동 20~60Hz, 2.2G의 진동을 10분 동안 가하고 있다. 소개 데이터에서 온도 사이클 수는 6~10회로 잠재결함이 제거되어 있다.

다음으로 기기의 구성부품의 점수에서 온도 사이클 시험횟수의 결정지표의 참고가 되는 자료를 그림 7−18에 소개한다.

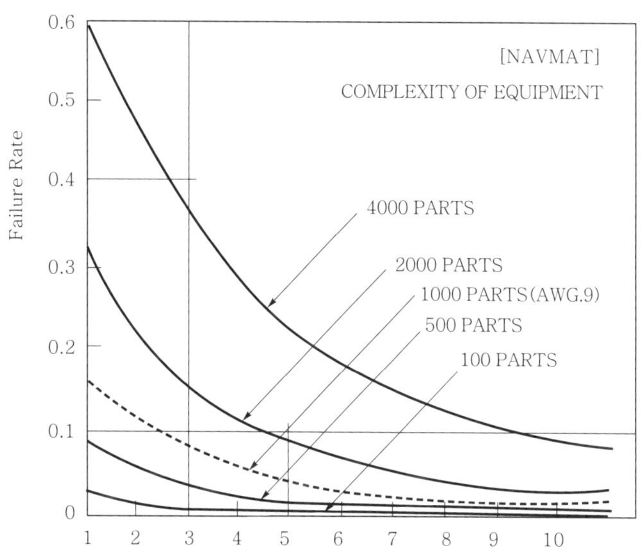

● 그림 7−18 구성부품의 점수에서 온도 사이클 시험횟수의 결정지표 ●

그림 7−18은 시스템 레벨에서의 온도 사이클 시험으로 −54℃에서 +55℃까지를 온도변화율 10℃/분으로 수행하고 있다. 구성부품이 100에서 500개에서는 온도 사이클이 4회로 충분히 효과가 있다는 것을 알 수 있다. 1000에서 2000개에서 8회, 4000개에서도 10회로 충분히 효과가 있다는 사실을 이해할 수 있다.

(5) 랜덤진동에서의 가진레벨·시간과 결함 검출률의 결정지표

기기의 구조 및 구성과 복잡도에 의해 진동 스트레스를 받는 방법은 크게 다르다. 그러나 NAVMAT 등으로 널리 소개되고 있는 전기·전자부품의 ESS에 채용되고 있는 효과적인 랜덤진동 스펙트럼에 대한 보고를 소개한다.

진동 스펙트럼은 「20에서 80Hz까지+3db/Oct, 80에서 350Hz까지 0.04G²/Hz, 350에서 2000Hz까지 −3db/Oct로 토털 6Grms」이다.

그림 7-19에서 랜덤진동시험효과에 대해서 소개한다.

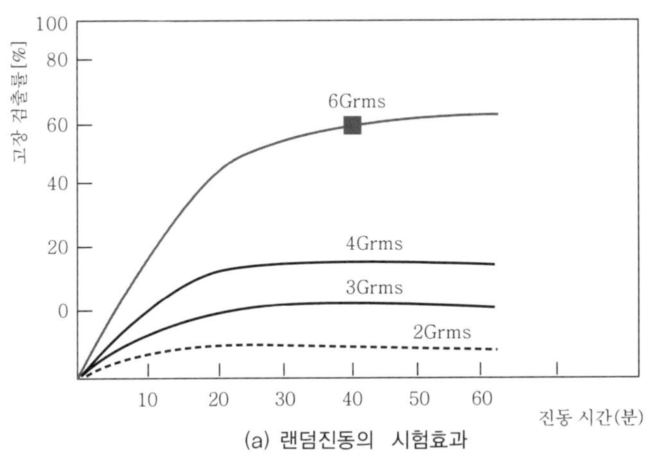

(a) 랜덤진동의 시험효과

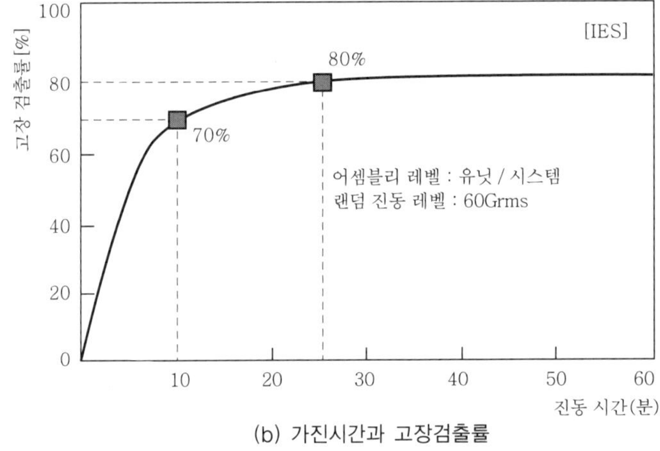

(b) 가진시간과 고장검출률

● 그림 7-19 랜덤진동의 가진(加振) 레벨·시간과 결함 검출률의 결정지표 ●

그림 7-19에서 (a)는 랜덤진동의 시험효과에 대해 소개한 랜덤 패턴으로 0.04G²/Hz를 바꾸어 토탈 Grms를 2, 3, 4, 6Grms으로 수행했을 때의 효과를 나타내고 있다. 여기에서 6Grms에 주목하면 진동시간 40분으로 80%의 고장검출률이 소개되어 있다.

(b)는 IES의 데이터에서 6Grms의 랜덤진동으로 ESS를 어셈블리 레벨 : 유닛/시스템에 대해서 가진시간과 고장검출률의 효과에 대해 나타낸 그림이다.

7-2 고도의 복합환경시험

1. 고도의 복합환경시험 시스템

최근의 제조기술 및 사용부품의 신뢰성 향상으로 인해 시장에 출하되는 부품 및 제품은 여간해서는 고장이 일어나지 않는다. 하지만, 자동차 업계가 글로벌화되면서 품질과 가격절감에 의한 모듈화도 진전되고 각 부품들의 신뢰성이 한층 더 높이 요구되어 비행기와 제트 전투기만큼의 신뢰성 평가도 필요시되고 있다. 중대 고장이 시장에서 한번 발생(리콜제도)하면 클레임의 해석, 대책 재평가를 통해 사용자가 납득할 수 있는 정보공개가 필요하게 되었고 시장 환경의 재현에 의한 가혹한 평가시험이 요구되게 되었다. 다음 복합환경시험 모델도(그림 7-20)는 항공·방위관련 MIL 규격시험을 차재기기의 평가시험에 응용한 사례이다.

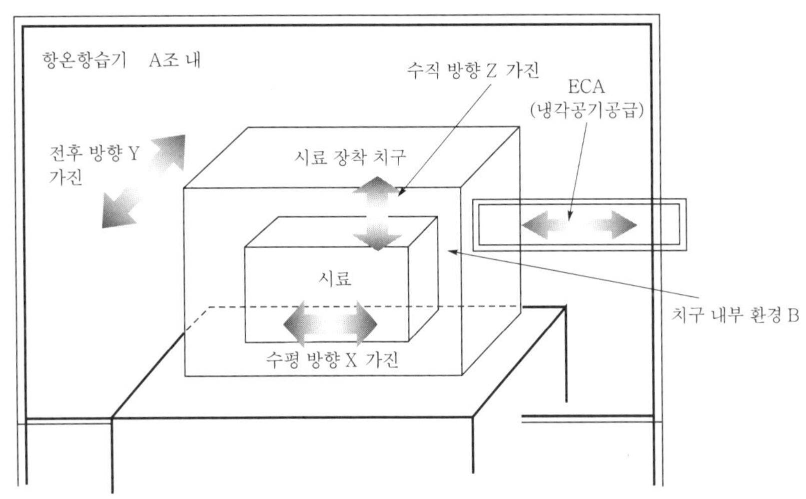

● 그림 7-20 고도의 복합환경시험장치 모델 ●

이 모델은 3방향 동시 진동시험이 가능한 다축진동기, 항온항습기와 외부에 별도로 ECA(냉각공기 공급)를 가진 시스템으로 구성되어 있다. 시료는 장착치구에 고정되고 표면은 조내 A의 환경에 노출된다. 시료 내부는 ECA로부터 별도의 환경 B에 노출된다. 프런트 패널에 장착된 장치를 고려하면 A가 차 실내의 환경, B는 차 실외의 환경으로 설정된 것으로 생각할 수 있다. 주행 시에 프런트 패널에 장착된 장치에 가해지는 X, Y, Z 각 축방향의 진동이 차례로 혹은 동시에 가해지고 온도 습도와 진동 스타트·주행 중·정지 시의 실제 환경시험 또는 실제 환경을 웃도는 평가시험을 반복해서 수행할 수 있다.

스타트·주행 중·정지 시의 A·B 온도와 습도의 변화상태의 재현과 실제 주행 시 진동계측으로 실파형의 편집(시뮬레이션)을 각 진동축에 대해서 수행하고, 다축 동시 또는 순차로 수행되며, 주행 중의 시험은 다양하게 준비되어 수행되고 있다고 생각할 수 있다.

2. 고도의 복합환경시험의 실제 환경에 대한 적용

제품·부품의 실제 환경에서 동작 시 내구시험으로서 제품·부품이 약한 곳을 찾아내고 개선하는 가혹한 시험방법의 개념에 대해서 그림 7-21에 나타낸다.

테스트를 실시하는 장치에 대해서는 앞항에서 소개한 고도의 복합환경시험장치 모델이 최적이라고 생각하지만, 제품·부품의 고장에 이르는 시험 중의 데이터가 어떻게 계측되는지가 중요하다. 상당히 고도의 시험을 실시하기 때문에 통상적인 시험 경과와는 다른 현상이 일어날 수 있다. 원인을 상정할 때 지금까지의 경험에 끼워 맞춰 검토하게 되면 모처럼의 고도의 시험에서 얻을 수 있는 정보를 살려 원인을 추구할 수 없으며 개별적 시험 스트레스를 혹독하게 실시한 결과를 개별적인 환경시험으로 확인하는 단계에서 원하는 결과와 대책 및 개선처리에 대해 정확하게 대응할 수 없게 되고 다음 단계의 테스트로 진행할 수 없게 된다.

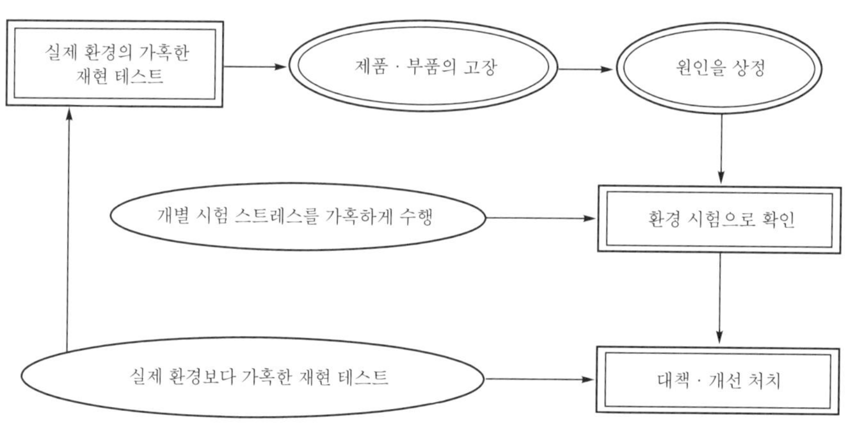

온습도 조의 사양은 −40℃~+150℃(180℃), 온도변화율은 5℃/min
진동기는 단축 또는 다축 진동발생기

● 그림 7-21 고도의 복합환경시험의 실제 환경으로의 적용 ●

고도의 복합환경시험의 실제 환경에 의한 시험에서는 그 장치와 원하는 고도의 결과에 상응하는 시험패턴 내용을 뒷받침하는 정보와 시료의 시험 중 변화를 어떻게 정확히 측정하여 판단의 재료를 얻는지가 중요해진다.

따라서 시험의 진행과 시계열적으로 같은 계측에 의해 초기 고장 판단정보를 얻는지가 필요하고, 시료의 장착에서 센서·치구와 시험제어정보를 일괄해 진행할 수 있는 시험 프로필 시스템 확립이 필요해진다. 전장품·차재기기에 대한 실제 환경시험 진동파형의 작성순서의 흐름을 그림 7-22에 나타낸다.

실제 차량 주행운전에서 얻은 차체 각 부분에 장착된 센서의 진동파형 및 계측 시의 온도·습도 등이 실차복합환경 진동시험을 실천하는 데 있어서 중요한 스트레스 인자가 된다. 각 부분에서 얻은 진동파형을 진동시험으로 재현하기 위해서는, 그림 7-22와 같은 기본적인 순서가 필요하다. 목표 진동파형을 재현하기 위해서는 그 파형으로 시험을 실시하고자 하는 시료를 장착한 상태의 진동시험장치의 역 전달 진동특성이 필요하다. 이 특성을 거쳐 시료에 진동이 전달되므로 이 특성을 보정하지 않으면 시료에 전달되었을 때의 진동파형이 끝없이 계측시점의 시료의 진동에 근사하지 않게 된다.

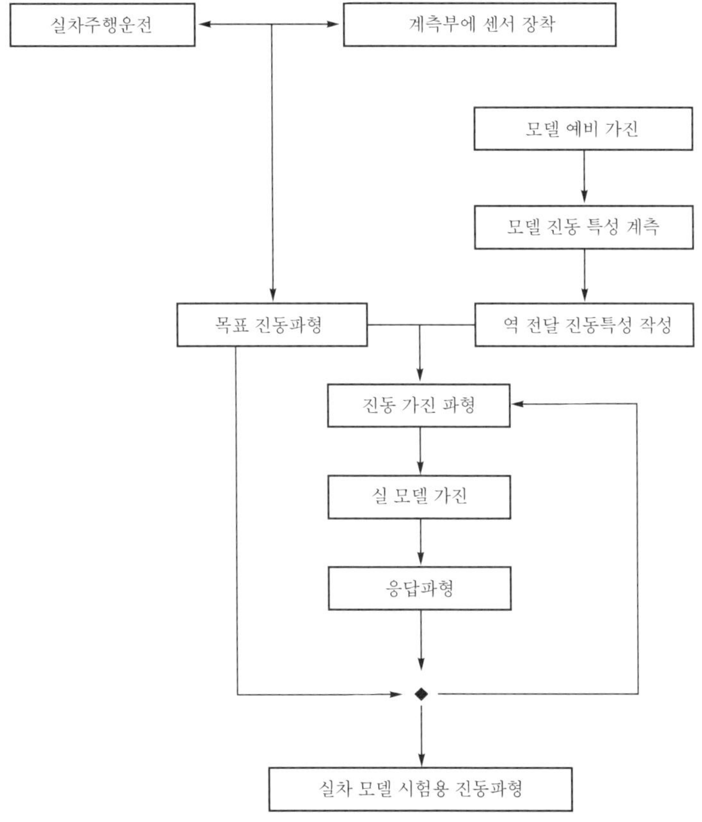

● 그림 7-22 전장품·차재기기의 실제 환경 진동파형의 작성 순서 ●

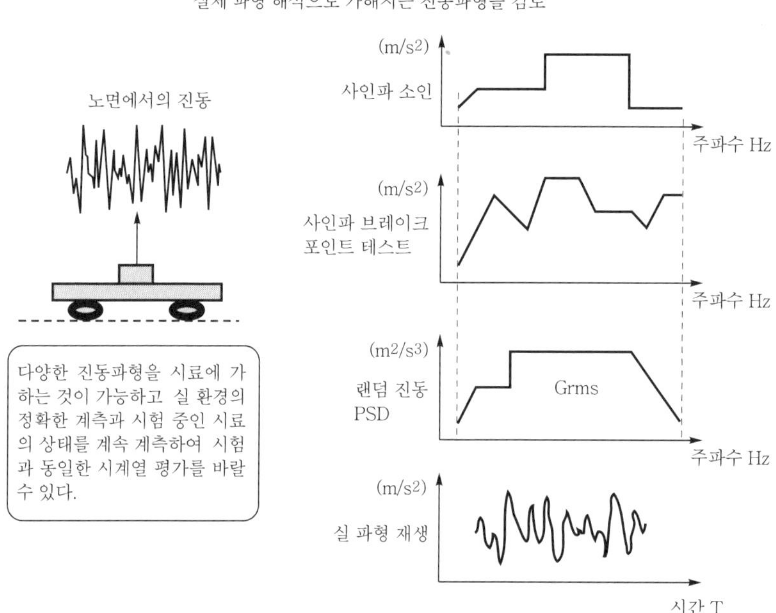

● 그림 7-23 실제 진동파형의 재현과 파형해석에 의한 각종 진동파형 ●

 따라서 동일한 실 진동파형을 사용해도 시료의 구조·치구를 포함한 강성·진동기의 특성 등이 변하면 그 때마다 목표 진동파형과 시험장치의 시료까지의 역 전달 진동특성에 의해 실차 모델 시험용 진동파형은 그림 7-22의 루프를 따라 작성되고 실시되게 된다. 실차 모델 시험용 진동파형이 얻어졌을 때 테스트를 실시할 때의 사고방식으로서 그림 7-23에서 실 파형 재생과 파형해석에 의해 각종 진동파형의 개별 환경시험에서 각종 진동파형을 시료의 각 부분에 가함으로써 불량 개소를 한정한 가혹 스트레스 시험 등을 실시할 수 있다는 것을 나타내고 있다. 덧붙여, 이 레벨의 시험은 시료가 시험 중인 상태를 시험과 동일 시계열에서 계측 평가하는 것이 바람직하다. 불량 발생 시의 초동에는 중요한 거동이 많이 존재해 개선·개량에 효과적인 처치를 실행할 수 있다.

3. 고도의 복합환경 시험에서 기계적 스트레스를 주는 방법

 요즘에는 시장에 출하되는 제품이 웬만해서는 고장이 일어나지 않게 되었다. 하지만 한번 고장이 발생하면 클레임 분석·재평가가 필요해져 수송·사용 상태에서의 성능시험의 가혹한 평가로서 그림 7-24에 나타낸 것과 같은 복합환경시험방법을 제안한다.

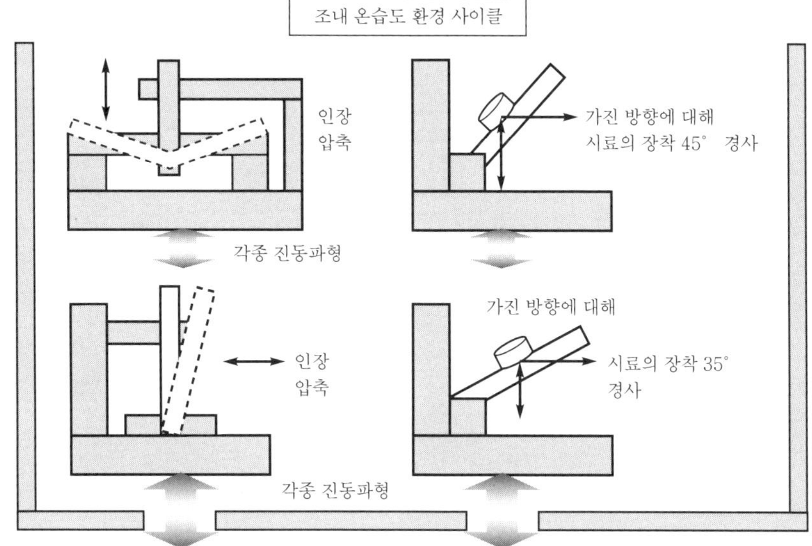

● 그림 7-24 시료에 정적 부하를 가한 상태와 경사를 준 복합환경시험 ●

　최근의 상품·장치 내에서 실장 밀도가 증가하고 플랫 케이블, 플렉시블 기판의 채용도 늘어나고 있다. 이러한 제품(시료)에 과도한 복합환경 스트레스를 가하는 방법으로서 기계적인 단순 진동 스트레스 이외에 구부림, 인장, 압축을 동시에 가하면서 온도 사이클 시험을 수행하는 방법으로 동적 진동과 정적 하중으로 내구성에 대해서 동시평가를 수행하는 고도의 복합환경시험방법이다.

　그림 7-24는 항온조 내에 시험시료를 특별한 치구로 고정하고 또한 시료를 가진축 방향에 대해 의식적으로 30°, 45°의 경사를 줌으로써 어셈블리된 부품 내의 질량분포에 의한 영향 및 그 질량을 유지하는 탄성계의 공진을 가혹하게 재현하려 한 시험방법이 오른쪽 세트이다. 한편 왼쪽은 플렉시블한 프린트기판 등에 어셈블리된 부품의 취급 시, 굽히는 순간 영향을 받거나 순간적인 충격으로 과대한 변위가 발생할 경우 등 최대의 기계적인 부하를 진동과 함께 가할 것을 고려한 세팅이다. 실 환경의 시뮬레이션 시험으로서의 복합환경시험에서 한 걸음 나아가 예상되는 환경의 기계적인 스트레스를 최대의 조합으로 평가함으로써 그 부품의 위크 포인트를 적출하는 방법이 필요하다고 생각한다.

7-3 차재기기의 ISO 국제규격 소개

1. ISO 국제규격의 소개

일본 국내에는 자동차 부품 진동시험방법으로서 JIS D 1602-1995가 규정되어 있고, 복합환경시험규격으로는 JIS C 0037, 0038, 0039가 IEC 68-2-51, IEC 60068-2-50, 60068-2-53이 규정되어 있다. 최근에 와서는 ISO에서 [Road vehicles-Environmental conditions and testing for electrical and electronic equipment]가 발표되어 있다.

ISO-16750-1은 Road vehicles-Part 1 : General 총론

ISO-16750-2는 Part 2. Electrical Loads 전기적 부하에 대한 규격

ISO-16750-3은 Part 3. Mechanical Loads 기계적 부하에 대한 규격

ISO-16750-4는 Part 4. Climatics Loads 기후적 부하에 대한 규격

ISO-16750-5는 Part 5. Chemical Loads 화학적 부하에 대한 규격

본 장에서는 관계가 깊은 총론과 기후적 부하 및 기계적 부하(진동)에 대한 내용에 대해 필자의 생각도 포함하여 소개하기로 한다.

2. ISO 국제규격의 총론

〈ISO 16750-1 General 총론에 대해서 〉

[노상 주행차 – 전기 및 전자기기의 환경조건 및 시험 – 제1부 : 총론]

Applicability relative to system integration and Validation 「시스템 인티그레이션 및 타당성 확인에 관한 적용성」과 Applicability to wiring harnesses, cables and electrical connectors 「와이어 하네스·케이블 및 전기 커넥터로의 적용성」 등의 내용과 시험 중 및 시험 후의 동작환경에 대한 랭크 A에서 E까지의 설명을 아래에 소개한다.

0.1.2 이 규격의 적용성에 대해 아래의 내용에 대해 소개한다.

① 0.1.2.2 와이어 하네스, 케이블 및 전기 커넥터로의 적용성

(Applicability to wiring harnesses, cables and electrical connectors)

이 규격 안에는 환경조건 및 시험의 일부에 차량 와이어 하네스, 케이블 및 커넥터에 관한 내용이 있지만 그 적용범위를 하나의 완전한 규격으로 이용하기에는 불충분하다. 그 때문에 이러한 장치 및 기기에는 ISO 16750을 직접 적용하는 것은 추천할 수 없다고 되어 있다.

② 0.1.2.4 시스템 인티그레이션 및 타당성 확인에 관한 적용성

(Applicability relative to system integration and validation)

이 규격의 사용자는 이 규격의 적용범위가 기기 레벨에서의 조건 및 시험에 한정되어 있고, 따라서 차량 시스템의 안전한 검증 및 타당성 확인에 필요한 모든 조건과 시험을 나타내고 있지 않다는 점에 주의해야만 한다. 차량의 품질 및 신뢰성에 관한 목적을 달성하기 위해서 이들보다도 저위 또는 고위 레벨에서의 환경시험과 신뢰성시험이 요구된다고 되어 있다.

예를 들면, 이 규격은 땜납 이음매·땜납 없는 이음매, 집적회로 등의 환경 및 신뢰성 요구사항이 반드시 충족된다는 것을 보증하지 않는다. 이러한 부분의 시험에 대해서는 컴포넌트, 재료 또는 어셈블리 레벨에서의 시험내용에서 보증되어야만 한다고 되어 있고, 마찬가지로 차량 및 시스템 레벨의 시험에 대해서도 차량 용도에 따른 기기의 타당성 확인을 위해 필요하다고 되어 있다.

6. 기능상태 분류의 6.1 일반항에서 시험 중 및 시험 후의 동작 상태에 대해 설명하고 있으며 시험대상 장치의 불량동작이 다음에 나타내는 어떤 클래스(A에서 E까지)의 내용조건에서 발생해서는 안 된다고 아래와 같이 정해져 있으므로 소개하기로 한다.

- 클래스 A

  장치/시스템의 모든 기능이 시험 중, 시험 후에도 설계대로 실행된다.

- 클래스 B

  장치/시스템의 모든 기능이 시험 중, 시험 후에도 설계대로 실행된다. 단, 하나 또는 복수의 기능은 규정된 공차를 넘어도 된다. 모든 기능은 시험 후에도 자동적으로 통상 한도치로 복귀할 것. 메모리 기능은 클래스 A대로이다.

- 클래스 C

  장치/시스템 하나 또는 복수의 기능이 시험 중 설계대로 실행되지 않지만, 실행 후에는 자동적으로 통상 동작으로 복귀할 것.

- 클래스 D

  장치/시스템 또는 복수의 기능이 시험 중 설계대로 실행되지 않고, 시험 후에도 장치/시스템이 단순한 「오퍼레이터(operation)/사용(use)」 동작에서 리셋될 때까지 통상 동작으로 복귀하지 않을 것.

- 클래스 E

  장치/시스템 또는 복수의 기능이 시험 중 설계대로 실행되지 않고, 시험 후에도 장치/

시스템을 수리 또는 교환하지 않으면 적정한 동작으로 복귀할 수 없을 것.

3. ISO 국제규격의 진동·충격

〈ISO 16750-3 Mechanical Loads 주로 진동·충격에 대해서〉
[노상 주행차 – 전기 및 전자기기의 환경조건 및 시험 – 제2부 : 기계적 부하]

이 항목의 규격은 노상 주행차용 전기 및 전자 시스템/컴포넌트에 적용한다. 잠재적 환경 스트레스에 대해서 설명하고, 차량 위/차량 안의 특정 장착위치에 권장되는 시험 및 요구사항에 대해 규정되어 있다. 규격에 대해서는 ISO/TC22「자동차 분과위원회 SC3 전기장치」가 작성했다. 4.1 Vibration의 4.1.1 General의 내용에서 규정된 진동시험방법은「차량탑재의 전기·전자기기의 진동레벨의 엄격함에 대해 검토한 내용에서, 개개의 장착위치에 따라 환경온도 및 진동 파라미터를 제공한다」라고 다음과 같이 명기되어 있다.

① 규정 값은 정해진 장착위치에 직접 적용한다. 장착에 브래킷을 사용하면 스트레스가 커지거나 작아진다. 전자제어장치(ECU)를 브래킷을 이용하여 차량 내에서 사용할 때에는 이 브래킷과 함께 진동·충격시험을 수행한다. 이것은 지적되면 당연한 일이지만, 진동시험환경의 재현에는 중요한 사항을 보여주고 있다. 왜냐하면 브래킷의 실차장착 상태(질량부하)에서의 진동특성을 재현하고, 진동시험평가가 중요하다는 것을 나타내고 있기 때문이다.

② 사인파 시험은 매분 1옥타브의 대수소인을 사용하며 진동방향은 상호 직교하는 3축 각각에 각 시험에서 정한 시간, 진동을 가한다고 되어 있어, 차재기기에 가해지는 진동방향은 차체 진동이 상하 방향만이 아니라는 것을 나타내고 있다.

③ 이 시험의 목적은 실제 부하에서의 기능을 유지하는 것으로 권장하는 시험패턴 및 시험기간의 적용범위는 피로파괴를 피하도록 정한다. 아울러, 내구시험에는 특별한 개별적인 요구사항이 필요한데 이 규격에서는 문제 삼고 있지 않는 것으로 언급되어 있다.

④ 이제부터 소개할 각 위치 지정의 시험 진동수 범위의 부하시험에 대해서는 별도로 검토할 필요가 있다고 지적하고 있다. 또한, 시료의 중량이 무겁고 형상이 큰 시료일 경우, 시료장착치구를 포함한 장착상태의 강성 및 진동대의 진동 시 동적 반력이 차량 내의 실제 환경과 비교해 다르기 때문에 진동부하에 차이가 일어나는 점에 주의가 필요하다고 지적하고 있다.

⑤ 진동시험 중 수행할 온도 사이클 시험을 그림 7-25의 패턴이 나타내고 있다.

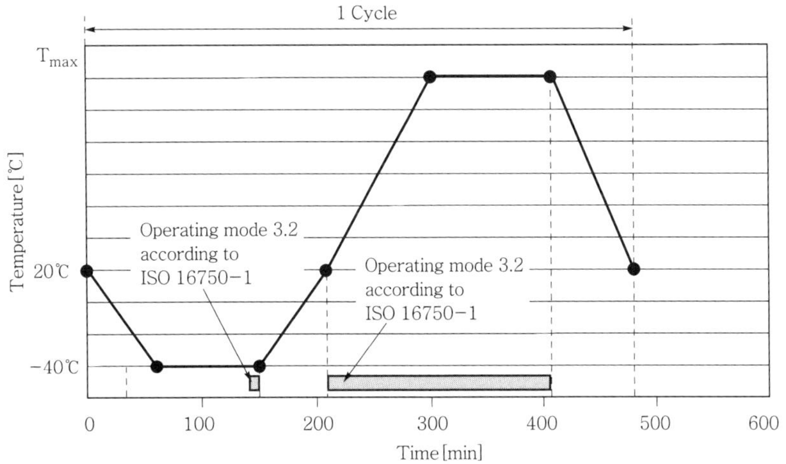

● 그림 7-25 진동시험 시의 온도 사이클 프로필 ●

IEC 60068-2-14 Nb에 따라 온도 사이클 시험을 적용한다. 시료는 고온·저온에서의 노출시간(Duration) T_{min}로 수행한다. 이 기능시험에서는 시료가 적정하게 동작하는 것을 확인하는 평가시험으로 단시간으로 충분하다고 한다.

표 7-1에 Duration 단위분과 Temperature ℃ 값을 나타낸다.

Tmax에 대해서는 16750-4에서 코드 A부터 Z까지이고, −40℃와의 조합에서는 65~160℃까지의 조합이 있고, 사이클 시험 시간은 Duration(T_{min}) 210~410분(표 7-1)이 온도와의 관계에서 보이고 있다.

● 표 7-1 진동시험 시 각 온도의 시간 ●

Duration 단위분	Temperature ℃
0	20
60	−40
150	−40
210	20
300	T_{max}
410	T_{max}
480	20

T_{max}는 ISO 16750-4, Table1을 참조할 것.

Operation mode 3.2란 기능상태 클래스 A에서 「전기적으로 동작시켜 대표적인 조작 모드로 제어」라고 되어 있다.

⑥ 마지막으로 중요한 코멘트가 있으므로 아울러 소개한다.

실 차량 복합환경에서는 초저온 또는 초고온에서 스트레스가 진동 이외로 발생하여, 기계적 스트레스와 온도 스트레스가 서로 영향을 주는 복합환경이 실재한다. 이 환경을 시뮬레이션 함으로써 「파괴의 메커니즘의 예로, 시스템 또는 컴포넌트의 플라스틱 부분이 고온에서 변형·강도 변화에 의해 가해지는 진동가속도에 견딜 수 없게 된다」는 것을 검증할 수 있다.

4. 구체적인 장치에 대한 시험내용 소개

(1) 대조장치는 승용차 엔진에 직접 장착기기에 적용(4.1.3.1.2에서)

피스톤 엔진의 진동은 실린더 내의 회전동 부조합(unbalance)에 의해 발생하는 회전진동(사인진동)과 엔진 그 밖의 모든 진동원, 예를 들어 밸브의 닫힘에 의한 불규칙 노이즈와 같은 랜덤진동이 있다. 이 시험에서의 고장모드는 피로에 의한 파단으로 되어 있다. 사인진동 시험과 랜덤진동 시험의 패턴을 그림 7-26, 그림 7-27에 수치에 대해서는 표 7-2, 표 7-3에 나타낸다. 진동시험 순서로서는 Sine on random(사인과 랜덤을 동시에 가한다) 테스트가 바람직하지만, 이 시험을 실시하기 위해서는 Sine on random 시험 소프트웨어가 내장된 진동제어 컨트롤러가 필요하다. 대안으로서는 사인·랜덤시험을 차례로 실시하는 것도 가능하다고 한다.

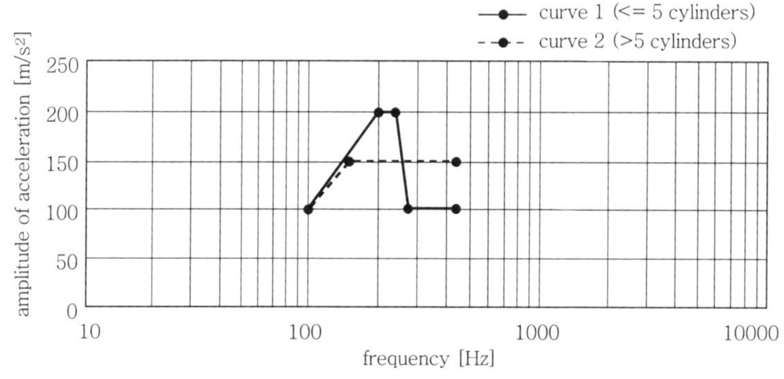

그림 7-26 사인진동 시험패턴

● 표 7-2 사인진동시험의 수치표 ●

곡선1		곡선2		곡선1, 2 조합	
100Hz	100m/s^2	100Hz	100m/s^2	100Hz	100m/s^2
200	200	150	150	150	150
240	200	440	150	200	200
270	100			240	200
440	100			255	150
				440	150

curve 1은 5기통 이하의 엔진에 장착되는 시료가 대상이 된다. curve 2는 6기통 이상의 엔진에 장착되는 시료가 대상이 된다. 시험 실시 시에 양쪽 곡선을 조합해도 좋다고 되어 있다.

사인파 시험시간은 IEC 60068-2-6에 의한 시험을 각 축에 각각 22시간 실시하고, 랜덤시험은 IEC 60068-2-64에 따라 실시한다고 되어 있다.

다음으로 랜덤진동 패턴 값을 표 7-3에 나타낸다. 표 7-3에 의한 랜덤패턴이 그림 7-27이 된다.

● 표 7-3 랜덤진동 진동수와 스펙트럼 밀도 ●

랜덤시험 [가속도 rms 값=181m/s^2]	
진동수 Hz	PSD(m/s^2)^2/Hz
10	10
100	10
300	0.51
500	20
2000	20

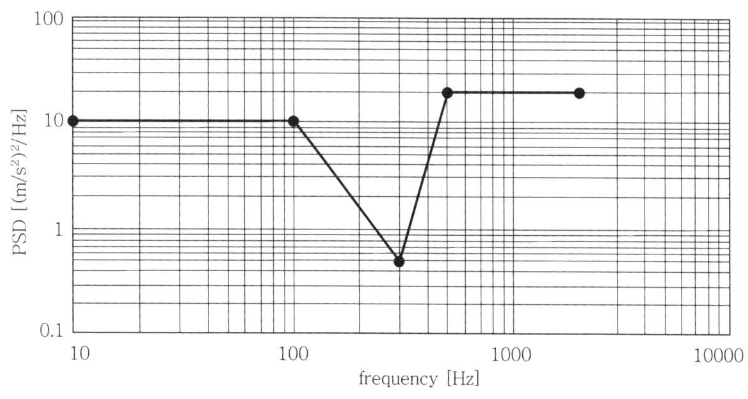

● 그림 7-27 랜덤진동 시험패턴 ●

자동차 엔진 진동의 시험규격은 자동차 메이커들이 공개하고 있지 않지만, 이 시험내용을 이해함으로써 자동차의 일반적인 진동발생원의 내용과 고장모드를 이해할 수 있고, 최근 증가하고 있는 엔진 주위에 장착되는 센서 및 전장부품의 진동시험 내용으로 응용을 생각할 수 있게 되었다고 할 수 있다.

(2) 대조장치는 승용차 기어케이스 장착 기기에 적용(4.1.3.1.3에서)

진동에 대해서는 기어케이스 내의 회전부조화(unbalance)에 의해 생기는 회전진동(사인진동)과 톱니의 마찰 및 엔진 내와 그 밖의 진동원에서 오는 랜덤 불규칙 진동이 있고, 이 시험의 고장모드는 피로에 의한 파단이다. 사인진동 패턴을 그림 7-28에, 그 수치는 표 7-4에 나타낸다. 사인파 시험시간은 IEC 60068-2-6에 의해 시험은 각 축에 각각 22시간 수행한다고 되어 있다.

● 표 7-4 사인시험 수치표 ●

사인시험	
진동수 Hz	가속도 m/s²
100	30
200	60
440	60

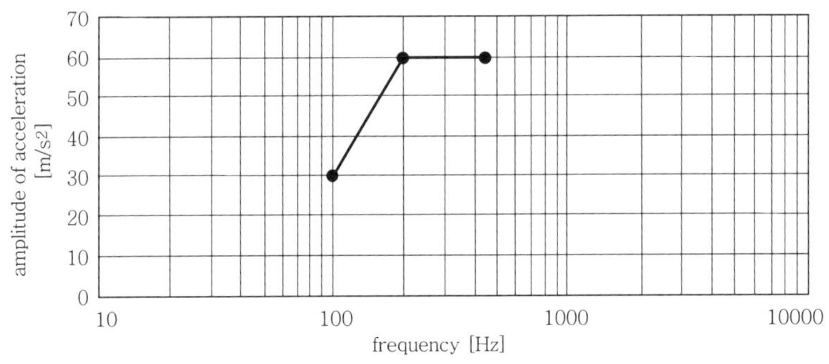

● 그림 7-28 사인진동 패턴 ●

다음으로 랜덤진동 패턴을 그림 7-29에, 수치를 표 7-5에 나타낸다. 랜덤진동시험에 대해서는 IEC 60068-2-64에 따라 시험을 실시한다.

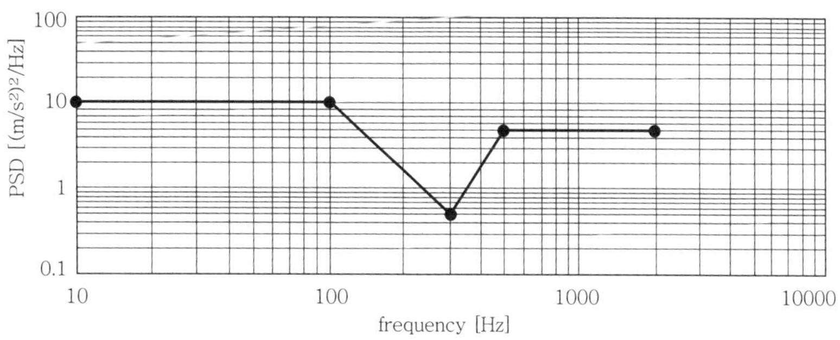

● 그림 7-29 랜덤진동 패턴 ●

진동시험 순서로서는 Sine on random(사인과 랜덤을 동시에 가한다) 테스트가 바람직하지만, 이 시험을 실시하기 위해서는 Sine on random 시험 소프트웨어가 내장된 진동제어 컨트롤러가 필요하다. 대안으로서는 사인·랜덤시험을 차례로 실시하는 것도 가능하다.

● 표 7-5 랜덤진동 진동수와 스펙트럼 밀도 ●

랜덤시험 rms 가속도 값=96.6m/s²	
진동수 Hz	PSD(m/s²)²/Hz
10	10
100	10
300	0.51
500	5.0
2000	5.0

(3) 대조장치는 승용차 차량본체 스프링 상 질량에 장착 기기에 적용(4.1.3.1.5에서)

차체의 진동은 험로주행에 의해 발생하는 랜덤진동으로 고장모드는 피로에 의한 파단이라고 한다.

랜덤시험은 IEC 60068-2-64에 따라 수행하고, 시험시간은 대상시험 시료의 각 진동축에 각각 8시간으로 하고 있다. 랜덤진동 패턴을 그림 7-30에, 진동수와 수치를 표 7-6에 나타낸다.

● 표 7-6 랜덤진동 진동수와 스펙트럼 밀도 ●

랜덤진동시험 rms 가속도값 = 27.8m/s²	
진동수 Hz	PSD(m/s²)²/Hz
10	20
55	6.5
180	0.25
300	0.25
360	0.14
1000	0.14

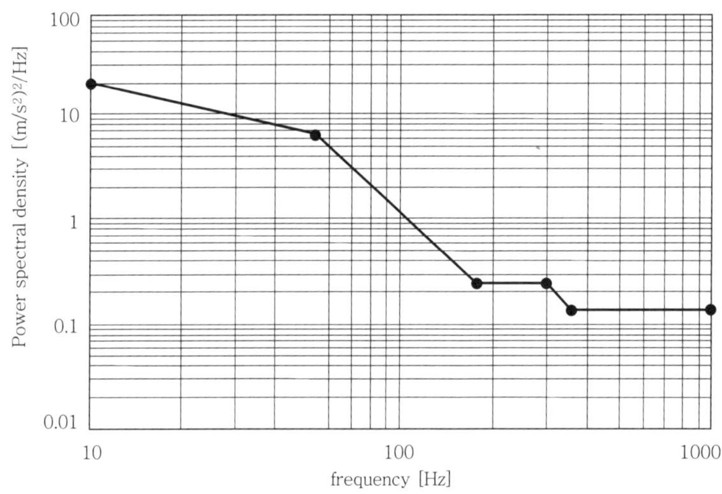

● 그림 7-30 랜덤진동 패턴 ●

차량 주행 중의 진동 성분과 그 가속도 값이 차량본체 스프링 상의 질량(쇽업 쇼바 등에 지지된 차량본체)에 대해서 발표되어 있고, 종래 공개되어 있던 랜덤진동 패턴에는 이러한 특성이 표시되지 않은 채 차량 주행 중 차량본체 스프링 위의 진동시험방법을 이해할 수 있는 것은 획기적이며 특히, 스프링 상의 차재기기에 각 축(기본적으로는 상하·좌우·전후 3방향)의 시험이 요구되고 있다.

(4) 대조장치는 승용차 스프링 아래 질량(차륜, 휠 서스펜션)에 장착이 의도된 기기 (4.1.3.1.6에서)에 적용

스프링 아래의 진동은 험로주행에 의해 발생한 랜덤진동에서 고장모드는 피로에 의한 파단이고 진동수가 20Hz 이하는 랜덤진동 패턴에 포함되지 않는다.

랜덤진동 패턴을 그림 7-31에, 진동 값을 표 7-7에 나타낸다.

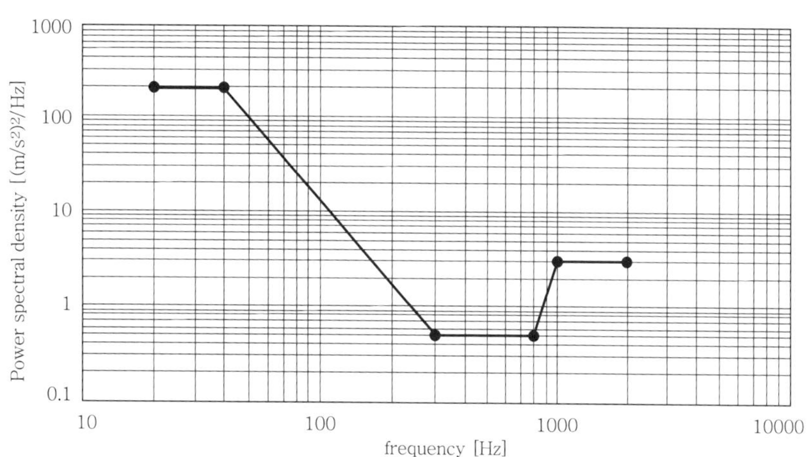

● 그림 7-31 스프링 아래 랜덤진동 패턴 ●

● 표 7-7 스프링 아래 랜덤진동 패턴의 진동수와 스펙트럼 밀도 ●

랜덤진동시험 rms 진동수 Hz	가속도값=107.3m/s² PSD(m/s²)²/Hz
20	200
40	200
300	0.5
800	0.5
1000	3.0
2000	3.0

실제로는 **20Hz** 이하에서 큰 변위진동이 일어나는 경우도 스프링 아래의 장치에서 생각할 수 있는데, 이런 경우에는 별도로 검토할 필요가 있다. 랜덤시험은 IEC 60068-2-64를 따라 수행하고 시험시간은 대상시험시료의 각 진동축에 각각 8시간으로 하고 있다.

차량 주행 중의 진동성분과 그 가속도 값이 차량 스프링 아래 질량에 대해서 발표되어 있고 기존에 공개되어 있던 랜덤진동 패턴에는 이런 특성들이 표시되지 않고, 차량의 주행 중인 차량 스프링 아래의 진동시험방법을 이해할 수 있다. 주목되는 것은 스프링 위와 스프링 아래에서는 진동가속도 값이 저주파수에서 약 10배가 달라지는 것과, 40~1000Hz까지의 특성변화와 상한진동수가 2000Hz까지 확산되고 있는 것이다. 스프링 위와 아래의 특성을 비교하여 차량의 진동 현상까지 고려할 수 있고, 여러 가지 물류의 문제를 검토할 때 참고도 된다고 할 수 있다.

(5) 대조장치는 상용차 엔진 또는 기어 박스에 장착이 의도된 기기(4.1.3.2.2에서)에
　　적용

엔진 피스톤의 진동은 실린더 내의 회전동부조화(unbalance)에 의해 발생하는 회전진동
(사인진동)과 엔진 그 밖의 모든 진동원, 예를 들어 밸브 닫힘에 의한 불규칙 노이즈와 같은
랜덤진동이 있다. 이 시험에서의 고장모드는 피로에 의한 파단으로 되어 있다.

진동시험 순서로서는 Sine on random(사인과 랜덤을 동시에 가한다) 테스트가 바람직하
지만, 이 시험을 실시하기 위해서는 Sine on random 시험 소프트웨어가 들어간 진동제어
컨트롤러가 필요하다. 대안으로서는 사인·랜덤시험을 차례로 실시하는 것도 가능하다고 되
어 있다.

덧붙여, 시험 스펙트럼에는 10Hz 이하의 응력은 고려되지 않는다.

시험장치는 30Hz 이하에 고유진동수가 있을 경우에는 중요한 연관을 가지는 것으로 된
부분에는 32시간의 추가시험을 수행한다고 되어 있다. 사인진동시험과 랜덤진동시험의 시험
패턴에 대해서는 그림 7-32, 그림 7-33, 표 7-8, 표 7-9에서 소개한다.

사인시험은 IEC 60068-2-6을 따라 실시하고 시험은 시료의 각 진동축에 94시간(약 20
시간/ 옥타브) 가한다.

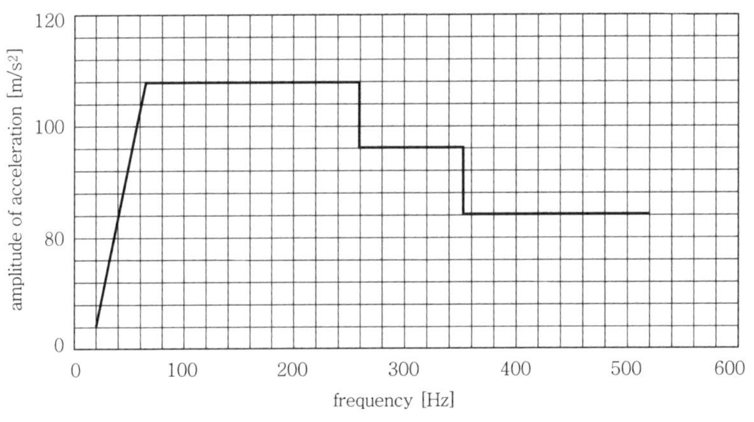

● 그림 7-32 사인 진동 시험패턴 ●

● 표 7-8 사인진동의 주파수와 진동값 ●

주파수 Hz	변위 mm	가속도 m/s^2
20	0.72	(11.4)
65	0.72	120
260		120
260		90
350		90
350		60
520		60

랜덤진동 시험은 IEC 60068-2-64에 따라 수행한다. 시험은 각 진동축에 96시간, 중요한 면에 대해서는 32시간(고유진동수 30Hz) 더 수행한다.

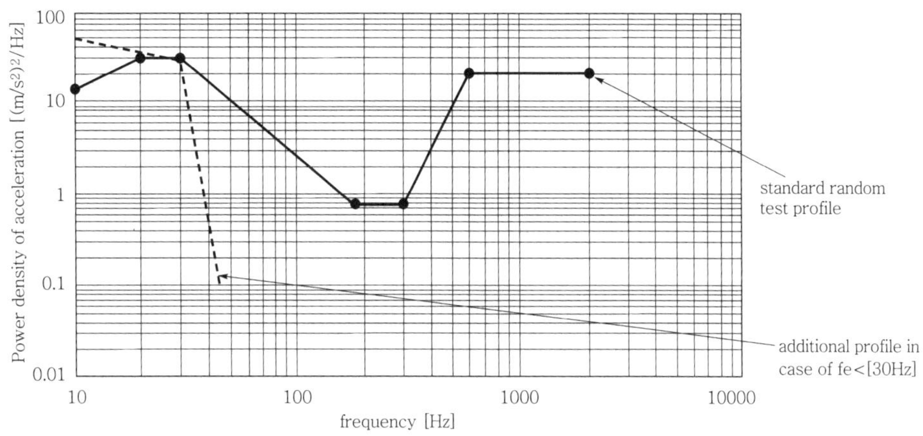

● 그림 7-33 랜덤진동 시험패턴 ●

● 표 7-9 랜덤진동시험 진동수와 PSD의 값 ●

주파수 Hz	PSD(m/s^2)^2/Hz	추가시험	주파수 Hz	PSD(m/s^2)^2/Hz
10	14		10	50
20	28		30	30
30	28		45	0.1
180	0.75			
300	0.75			
600	20			
2000	20			

랜덤진동시험 r.m.s = 177m/s²으로 추가시험 r.m.s = 28.6m/s²를 시료의 중요한 진동면에 32시간 더 가하는 것으로 한다.

(6) 대조장치는 상용차 스프링 위에 장착이 의도된 기기(4.1.3.2.3에서)에 적용

스프링 상의 장치는 험로주행에 의해 전달되는 랜덤진동에 노출되고, 고장모드는 피로에 의한 파단이 일어난다. 랜덤진동시험은 그림 7-34의 패턴과 수치가 표 7-10에 의해 IEC 60068-2-64에 따라 수행한다.

시험시간은 시료의 각 진동축에 32시간 수행한다.

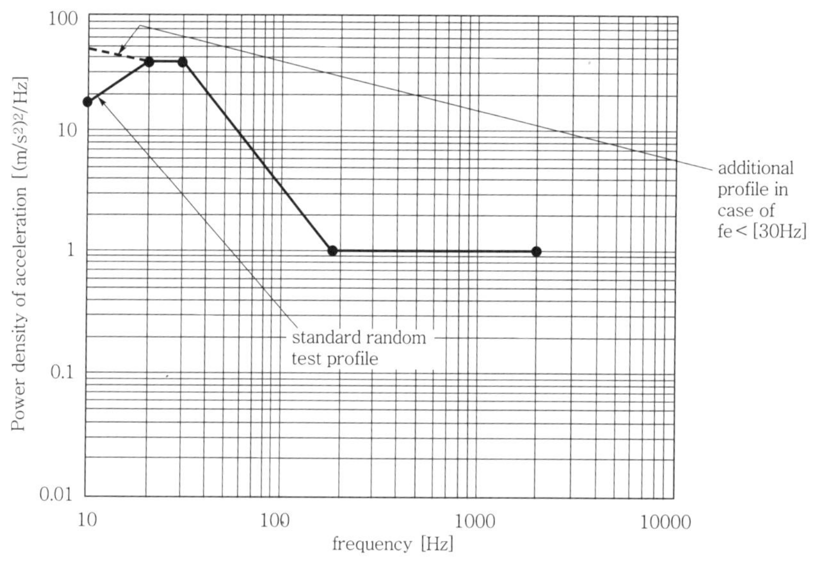

● 그림 7-34 랜덤진동 시험패턴 ●

● 표 7-10 랜덤진동시험 주파수와 PSD의 값 ●

주파수 Hz	PSD(m/s²)²/Hz	주파수 Hz	PSD(m/s²)²/Hz
10	18	10	50
20	36	20	36
30	36	30	36
180	1	45	16
2000	1		
랜덤진동 r.m.s = 57.9m/s²		추가시험 r.m.s = 33.7m/s²	

(7) 대조장치는 상용차 운전석에 디커플링된 기기(4.1.3.2.4에서)에 적용

상용차의 운전석에 디커플링된 기기는 험로주행에 의해 전달되는 랜덤진동에 노출되고, 고장모드는 피로에 의한 파단이 일어난다. 랜덤진동시험은 그림 7-34의 패턴과 수치가 표 7-10에 의해 IEC 60068-2-64에 따라 수행한다.

시험시간은 시료의 각 진동축에 대해 32시간 수행한다. 시험패턴과 수치를 그림 7-35와 표 7-11에 나타낸다. PSD의 수치표(표 7-11)에서는 3방향 각 진동축의 PSD가 표시되고 있다.

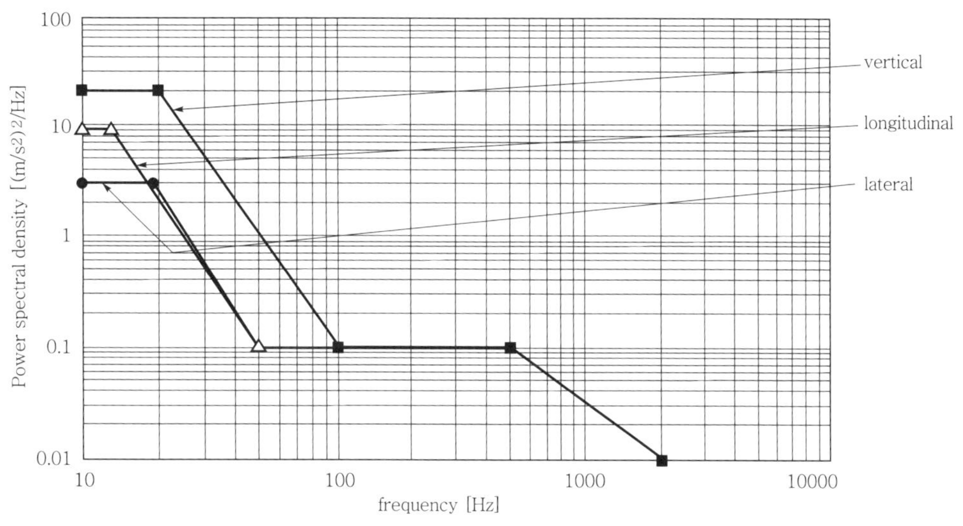

● 그림 7-35 랜덤진동패턴 ●

● 표 7-11 랜덤진동패턴의 3방향 각 진동축의 PSD와 토탈 가속도 값 ●

진동수 Hz	수직$(m/s^2)^2$/Hz	수평$(m/s^2)^2$/Hz	전후$(m/s^2)^2$/Hz
10	20	3	10
13			10
19		3	
20	20		
50		0.1	0.1
100	0.1		
500	0.1	0.1	0.1
2000	0.01	0.01	0.01
r.m.s 값	21.3m/s^2	11.8m/s^2	13.1m/s^2

(8) 대조장치는 상용차의 스프링 아래 질량(차륜, 휠 서스펜션)에 장착이 의도된 기기
　　(4.1.3.2.5에서)에 적용

상용차의 스프링 아래 질량의 진동은 험로주행에 의해 전해지는 랜덤진동에 노출되고, 고장모드는 피로에 의한 파단이 발생한다.

이 항목에서 보이는 랜덤진동시험이 무슨 까닭인지 「7.3.4.5항 대조장치는 상용차 엔진 또는 기어 박스에 장착이 의도된 기기(4.1.3.2.2에서)에 적용」을 실시하라고 지시되어 있다.

사인진동시험에 대해서는 시료의 고유진동수가 40Hz 이하의 경우에 대해서 표 7-12와 같이 3방향 진동수와 가속도 값 및 주파수 범위별 시간과 대강의 횟수가 표시되어 있다.

● 표 7-12 3방향 진동수와 가속도 값 및 주파수 범위별 시간과 대강의 횟수 ●

차량의 평면을 기준으로	진동수 Hz	가속도 m/s²	시간 min	대강의 횟수
수평·전후	6~8	150	4	2800
수평·전후	8~16	120	10	7000
수평·전후	8~32	100	20	21000
수직	8~16	300	4	2800
수직	8~16	250	10	7000
수직	8~32	200	20	21000

(9) 도어 및 플랩 내부 또는 위의 컴포넌트에 대한 내구성 충격시험(4.2.1에서)

시료에 대한 충격 스트레스는 개폐부가 닫힐 때 발생한다.

고장모드는 기계적인 손상(닫힐 때 발생하는 높은 충격가속도), 전자제어 모듈 하우징 내에서 콘덴서가 빠진다.

시험모드는 IEC 60068-2-29에 따라 수행한다.

시험방향은 차량에서 발생하는 충격과 동일한 방향으로 가속도의 영향이 발생하는 진동대에 고정한다(충격시험가속도는 차량 내에서의 충격가속도와 같은 방향으로 한다).

시험온도 : 실온

충격파형 : 하프사인

시간과 가속도 : 300m/s², 6ms (통상 요구)　500m/s², 11ms (증속 요구)

시험대상장치의 조작모드 : 1.2

조작모드 1.2란 「connected to wiring harness simulating vehicle installation」으로 와
어어 하네스에 접속한 차량장착상태의 시뮬레이션이 된다. 차체 도어를 개폐할 때 발생하는
충격시험방법에 대해 발표되어 있고, 충격횟수와 충격가속도 값과 작용시간에 의해 기계식
낙하방식 이외의 시험장치, 전동형 진동기 등이 적합하다고 생각된다. 전자제어 모듈 하우징
내에서 콘덴서가 빠지는 등 구체적인 지적도 있고, 충격시험에서 가해지는 충격의 방향에 대
해 다루고 있는 것도 주목된다. 디지털 가전으로서 통신과 전자두뇌가 들어간 제품에 대한
대응도 생각할 수 있다.

● 표 7-13 충격시험 내용 ●

충격횟수	강도 1	강도 2
운전석 도어	13000회	100000회
승원석 도어	6000	50000
트렁크 뚜껑	2400	30000
엔진 후드	720	3000

(10) 차체 및 프레임 상의 rigid points의 컴포넌트에 대한 기계적 충격시험(2에서)

시료에 대한 스트레스는 고속주행 중에 갓돌(연석)을 넘을 때 발생하는 충격의 재현시험이
다. 고장모드는 기계적 손상이 큰 충격가속도에 의해 일어나고 전자제어 모듈 내의 콘덴서가
빠지기도 한다.

● 표 7-14 충격시험내용 ●

충격파형	하프사인
온도	실온
작용시간	6m/s
피크 가속도	500m/s^2
충격횟수	10회/시험방향
시험대상장치의 조작모드 : 3.2	

시험모드는 IEC 60068-2-29로 수행하고 충격가속도는 차량 안과 같은 방향으로 한다.
장치에 작용하는 충격방향이 불분명한 경우 공간 6방향 모두에 대해 시험한다.

시험대상장치의 조작모드 3.2란 「systems/components with electronic operation and
control in typical operating mode」로 장치를 전기적으로 작동시키고 대표적인 조작 모드
에서 제어된다.

[차량의 주행 시에 발생하는 충격시험방법에 대해서 발표되어 있고, 충격횟수와 충격가속도 값과 작용시간에 의해 기계식 낙하방식 이외의 시험장치, 전동형 진동기 등이 적합하다고 생각된다. 충격시험에서 가해지는 충격의 방향이 불명확한 경우 공간 6방향을 채택하고 있는 것도 주목된다. 자동차에 의한 물류의 수송포장제품에 대한 응용을 충분히 생각할 수 있다.]

(11) 16750-3 Part 3 : Mechanical Loads의 정리

이번 16750-3. Part 3. Mechanical loads에서 채택되고 있는 기계적 부하는 진동시험에 대해서이고 그 내용으로는 「사인파·랜덤진동·하프사인 충격과 복합환경시험으로 온도 사이클 패턴 및 진동시험방향으로 각 축과 시험시간」이 명기되어 있다. 국내 JIS 규격에는 여기까지의 기술은 없고 또한, 고장모드의 기술에 대해서도 참고가 되는 부분이 있다.

덧붙여, 권말에 정리된 표가 있다. 표 7-17 시험 및 요구사항에 관한 코드와 부속서 A장착위치에 따른 기기의 기계적 권장 요구 사항이 있고, 부속서 B 진동시험을 위한 시험 프로파일 작성 지침도 참고자료로 사용할 수 있을 것이다.

앞으로의 차재기기 시장에 대한 진동·복합환경시험의 영향은 크고, 차재기기 시장만이 아니라 과거의 경과로부터 전자·전기제품 등의 물류관련 평가로도 확산을 보이고 있다고 여겨진다.

(12) 16750-4 Part : 기후적 부하 (Climatic Loads)에 대해서
① 보관에 관한 저온시험

전기적 작동이 없는 상태에서의 장치 시험으로 시스템·컴포넌트 출하 중 저온에서의 폭로환경시험을 수행한다. 고장모드는 내냉동성의 불량으로서의 액정표시장치의 동결 평가이다.

시험은 IEC 60068-2-1에 따라 −40℃의 온도에서 24시간 노출한다. 장치의 조작모드는 1.1이다. 기능 상태는 클래스 C이다.

② 조작에 관한 저온시험

전기적 작동 상태에서의 장치 시험으로 시스템·컴포넌트를 초저온에서 조작하는 등 저온에서의 폭로환경시험을 수행한다. 고장모드는 저온 시의 전기적 오작동으로서 전해액이 들어간 콘덴서의 동결 문제 등이 있다.

시험은 IEC 60068-2-1에 따라 온도는 T_{min}의 저온에서 24시간 노출한다. 장치의 조작모드는 3.2이다. 기능 상태는 클래스 A이다.

③ 보관에 관한 고온시험

전기적 작동이 없는 상태에서의 장치 시험으로 시스템·컴포넌트의 출하 중 고온에서의 폭로환경시험을 수행한다. 고장모드는 내열성 불량으로 플라스틱 하우징의 휨 등이 있다. 시험은 IEC 60068-2-2에 따라 +85℃의 건조한 온도에서 48시간 노출한다. 장치의 조작모드는 1.1이다. 기능 상태는 클래스 C이다.

④ 조작에 관한 고온시험

전기적 작동 상태에서의 장치 시험으로 시스템·컴포넌트의 초고온에서의 조작 등 고온에서의 폭로환경시험을 수행한다. 고장모드는 고온 시의 전기적 오작동으로서 컴포넌트의 열 열화 등이 있다. 시험은 IEC60086-2-2에 따라 온도는 T_{max}의 건조 고온에서 96시간 노출한다. 장치의 동작모드는 3.2이다. 기능 상태는 클래스 A이다.

⑤ 온도 스텝 시험

사용온도 범위 중에서 부분적인 얼마 안 되는 온도에서 발생할 경우가 있는 오작동에 대해서 기계 장치·전기적 장치를 평가한다. 시험은 조내 온도를 20℃에서 T_{min}까지 5℃씩 강하시키고, 다음 T_{min}부터 T_{max}까지 5℃씩 상승시킨다. 조내 시료가 충분히 설정온도가 되기까지 다음 단계 온도는 수행하지 않는다. 또한 다음 온도까지의 단계 사이는 장치로 공급되는 전원은 OFF 한다. 기능 상태는 클래스 A이다.

그림 7-36에 온도 사이클 코드 M에 의한 온도 스텝 시험을 나타냈다.

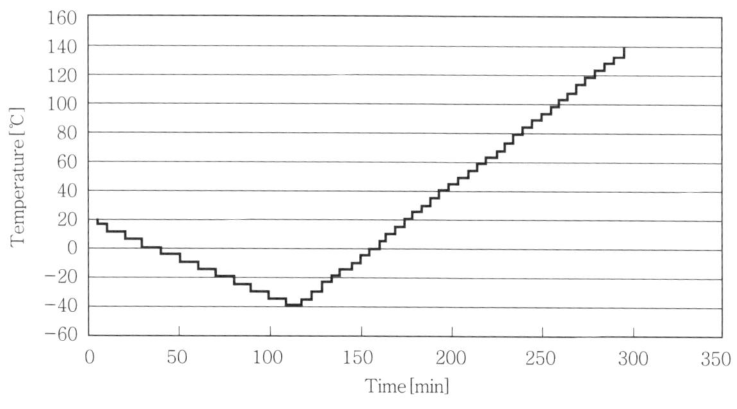

● 그림 7-36 온도 사이클 코드 M에 의한 온도 스텝 시험 ●

⑥ 규정변화율에 의한 온도 사이클 시험

시료를 전기적으로 동작시키면서 온도가 급격히 변화하는 주위온도에서 시스템·컴포넌트의 사용상태 온도변화 환경시험을 실시한다. 예를 들어, 엔진 장착장치·부품이 주위의 고온에 노출될 때, 그 고온 시에 순간적인 고온을 추가하여 이 환경에서 기능이 정상 동작하는지 확인한다.

시험은 IEC 60068-2-14Nb에 따라 온도 사이클 시험을 실시한다. 패턴 다이어그램은 먼저 앞에서 소개했던 그림 7-25에 더하여 설명한다.

시료의 온도가 $-40℃(T_{min})$에 도달하고 나서 시료를 전기적으로 작동(기능상태)시키고 동작기능을 평가한다. 이 시료를 온도 사이클 시험패턴에서 210분과 410분 사이에서 전기적으로 동작시킨다. 조작모드는 3.2이다.

고온분위기(hot-soak phase)를 포함하는 시료를 그림 7-37에 나타냈다.

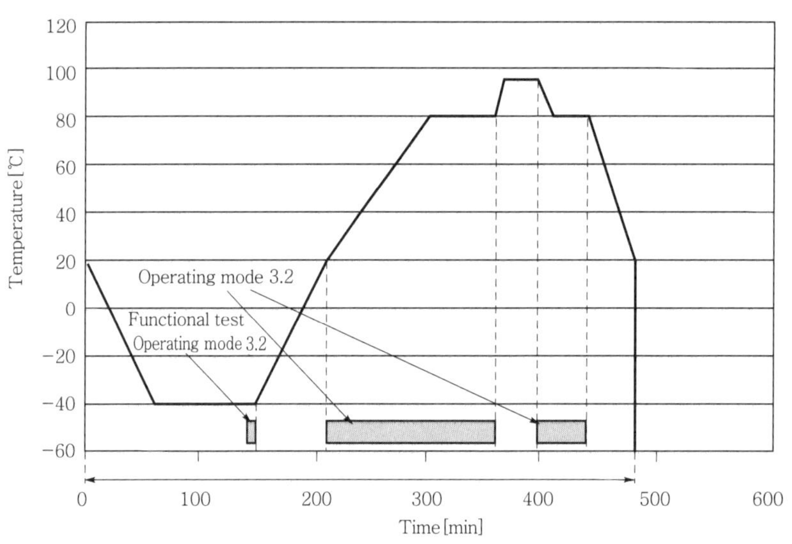

● 그림 7-37 hot-soak phase 온도 사이클 시험의 예 ●

시험 중에 발생할 가능성이 있는 습기에 의한 결로를 고려하여 전기적 작동은 20℃부터로 한다.

⑦ 급격한 온도변화에 의한 온도 사이클 시험

이 시험은 차량 내의 장치·부품에 규정변화율에 의한 온도 사이클 시험에 대해 가속시험을 실시한다. 1사이클의 온도변화율(상승·하강)을 빠르게 하고 온도변화를 크게 하는 것으로 스트레스를 가속하는 방법이다. 고장모드는 열화 및 팽창계수의 차에 의한 재료의 균열 또는 봉인불량이 발생한다. 이 시험은 기계적 균열을 만들기 때문에 전기적 동작은 시키지 않는다.

시험은 IEC 60068-2-14Na에 의해 온도 사이클을 수행한다. 온도는 T_{min}에서 T_{max}까지 30초 이내에 상승시킨다. 시료의 사이즈 및 특성에 의해 각 온도에서 20분, 40분, 90분을 유지한다. 조작모드는 1.1을 채용하고 기능 상태는 클래스 C이다.

⑧ 고온고습 사이클 시험

시험은 IEC 60068-2-30, Db 버전1로 실시한다. 상한온도+55℃, 사이클 수는 6회, 하한온도는 (23±5℃)로 한다. 온도 사이클이 최고온도에 달했을 때 기능시험을 조작모드 3.2로 실시한다.

⑨ 온도, 습도 조합 사이클 시험

시험은 IEC 60068-2-38, −Z/AD에서 규정하고 있는 시험을 실시한다. 사이클 수는 10회, 하한온도는 −10℃이다.

온도 사이클이 최고온도에 달했을 때 기능시험을 조작모드 3.2로 실시한다. 기능 상태는 클래스 A이다.

⑩ 고습 고온, 정상

이 시험에서는 주위 습도가 높은 상태에서의 장치·부품의 환경시험을 실시한다. 고장모드는 습기에 의한 전기적인 오작동, 예를 들어 습기를 띤 프린트기판에 의한 누전이 발생한다. 시험은 IEC 60060-2-56으로 실시한다. 시험기간은 21일, 조작모드는 마지막 1시간까지는 조작모드 2, 마지막 1시간은 조작모드 3.2로 하고 있다. 기능 상태는 엔진 정지 중에 전량(電量)을 받는 장치는 클래스 A, 그 밖의 장치는 마지막 1시간까지는 클래스 C, 마지막 1시간은 클래스 A로 하고 있다.

8장

복합환경시험에 관한 시험규격

(국내외)

환경시험은 장치 시스템과 기기 및 부품이 사용 중에 노출되는 각종 환경 스트레스 인자를 상정하여 신뢰성을 평가하는 시험이며, 일본에 영향을 끼친 MIL 규격과 JIS 규격에 대해 주요 규격을 연대별로 정리하여 표 8-1에 소개한다.

● 표 8-1 MIL 규격과 JIS 규격에 대해 주요 규격을 연대별로 정리 ●

연대	MIL/JIS	규격 내용
1959년	MIL-E-5272	항공기 및 관련기기 환경시험
1959년	MIL-T-5422	항공기용 전자부품 시험
1959년	MIL-E-4970	지상용기기 환경시험
1960년	MIL-STD-202B	전자·전기부품 시험법
1968년	MIL-STD-883	초소형 전자 디바이스 시험법
1970년	MIL-STD-750B	반도체 디바이스 시험법
1975년	MIL-STD-810C	환경시험법
1983년	MIL-STD-810D	환경시험법
1989년	MIL-STD-810E	환경시험법
1987년	JIS-C-0022	환경시험법(전기·전자) 고온고습 시험방법
1988년	JIS-C-0028	〃 (〃) 온습도 사이클 시험방법[IEC68-2-38]
1990년	JIS-C-0032	〃 (〃) 기기용 고온고습(정상) 시험방법
1995년	JIS-C-0020	〃 (〃) 저온(내한성) 시험방법[IEC68-2-1-90]
1995년	JIS-C-0021	〃 (〃) 고온(내열성) 시험방법[IEC68-2-2-74]
1995년	JIS-C-0030	〃 (〃) 저온·감압 복합시험방법[IEC68-2-40-76]
1995년	JIS-C-0031	〃 (〃) 고온·감압 복합시험방법[IEC68-2-41-76]
1997년	JIS-C-0037	〃 (〃) 발열공시품 및 비발열품의 고온/진동(사인파)복합시험
1997년	JIS-C-0038	〃 (〃) 발열공시품 및 비발열품의 저온/진동(사인파)복합시험
1997년	JIS-C-0039	〃 (〃) 발열공시품 및 비발열품의 저온·고온/진동(사인파)복합시험

IEC(국제전기표준회의)는 유럽의 일반민수산업을 중심으로 심의되고 있는 기관으로 1948년경에 전문위원회가 설치되었고, 1954년에 전자부품의 환경시험보(Publication68)가 발행되었다.

아래에 IEC의 환경조건에 관한 규격을 소개한다.

IEC 60721-3-5 : Ed.2.0(1997) 차재기기의 조건

IEC 60721-3-7 : Ed2.1(2002) 휴대 및 이동사용의 조건

IEC 61373(1999) 철도차량부품의 진동충격시험규격

그 밖에 통신기기의 환경시험규격으로서 ETSI의 규격을 소개한다.

ETSI EN 300 019-2-5(2002) 차재의 진동과 충격

ETSI EN 300 019-2-7(2003) 휴대의 진동과 충격

8-2 진동시험에 관한 JIS규격과 그 밖의 대표적인 규격의 소개 

① JIS C 0040(IEC 60068-2-6) 환경시험방법 – 전기·전자 – 정현파 진동시험방법

② JIS C 0036(IEC 60068-2-64) 환경시험방법 – 전기·전자 – 광대역 랜덤진동시험
　　　　　　　　　　　　　　　방법 및 지침

③ JIS C 0047(IEC 60068-2-47) 환경시험방법 – 전기·전자 – 동적시험에서의 공시품
　　　　　　　　　　　　　　　장착방법 및 지침

④ JIS C 0056(IEC 60068-2-59) 환경시험방법 – 전기·전자 – 사인비트 진동시험방법

⑤ JIS C 0057(IEC 60068-2-57) 환경시험방법 – 전기·전자 – 시각력 진동시험방법

⑥ JIS B 0153(JSME/JSA) 기계진동·충격용어

⑦ JIS B 0908(ISO 5347-0) 진동 및 충격 픽업의 교정방법 – 기본개념

⑧ JIS B 7758(ISO 5344) 전동식 진동시험장치 – 특성표시방법

⑨ JIS D 1602 자동차부품 진동시험방법

⑩ JIS E 3014 철도신호 보안부품 – 진동시험방법

⑪ JIS E 4031 철도차량 부품 – 진동시험방법

⑫ JIS Z 0232 포장 화물 – 진동시험방법

⑬ MIL-STD-810 환경시험방법 – 공학적 가이드라인

514.3 진동 기본적 수송 1~22종류의 랜덤시험 레벨로 실제 측정한 스트레스 표시. 랜덤 ON 랜덤시험 13종 포함

519.3 항공기의 발포진동으로 사인 ON 랜덤 시험레벨을 나타낸다.

⑭ MIL-STD-883 마이크로 일렉트로닉스의 시험방법 및 순서

기계적 시험(2000 클래스) 2007.1 진동, 가변주파에서 사인시험을 나타낸다.

⑮ MIL-STD-202 전자·전기부품의 시험방법

물리특성시험 201A 진동 (저주파수 사인시험)

204D 진동·고주파(사인시험)

214A 랜덤진동에서 시험조건 2종류를 보인다.

⑯ ISO/DIS 16750-3 기계적 부하로 노상 주행차 – 전기·전자기기의 환경조건 및 시험에서 시험 1~9에 사인, 랜덤 및 조합에 의한 사인 ON 랜덤시험 레벨을 보인다.

일본의 JIS 규격의 제정 경향으로서 최근에는 IEC 규격의 도입이 진행되고 있다. 그 모델로서 시각력 진동시험방법(JIS C 0057)에 대한 내용을 소개한다.

이 규격은 최근에 와서 IEC 규격이 JIS 규격화된 것이다. 단시간의 랜덤형태의 동적인 힘에 노출되는 부품, 기기 및 기타 전기·전자부품의 시험방법을 규정한다. 단시간의 랜덤형태의 동적인 힘의 대표적인 예로는 지진, 폭발 및 각종 이동수단에 의해 유발되는 응력이 있다.

시험은 정현파 또는 랜덤파에 의한 초기진동 응답검사 후에 동적인 힘의 영향을 시뮬레이트하는 특성을 지닌 응답 스펙트럼에서 규정한 시각력 진동을 가한다. 이 시험방법에 의해 하나의 시험파형이 광대역 응답 스펙트럼을 포괄하도록 할 수 있다. 시험품의 단일 또는 복수의 가진축 방향 전체 모드를 동시에 여진할 수 있기 때문에 일반적으로 연성모드의 영향이 고려된다. 연성모드란 한쪽의 진동으로부터 다른 진동모드로 에너지가 이동할 수 있도록 하는 서로 독립되지 않고 서로 영향을 주는 진동모드라고 정의되어 있다.

8-3 충격시험에 관한 JIS규격과 그 밖의 대표적인 규격의 소개

① JIS C 0041 (IEC60068-2-27) 환경시험방법 – 전기·전자 – 충격시험방법

② JIS C 0042 (IEC60068-2-29) 환경시험방법 – 전기·전자 – 범프시험방법

③ JIS C 0043 (IEC60068-2-31) 환경시험방법 – 전기·전자 – 면 낙하·각 낙하·전도시험방법

④ JIS C 0044 (IEC60068-2-32) 환경시험방법 – 전기·전자 – 자연낙하시험방법

⑤ JIS B 0153 (JSME / JSA)   기계진동·충격용어

⑥ JIS E 4032 철도차량부품 – 충격시험방법

⑦ JIS Z 0202 포장화물 – 낙하시험방법

⑧ MIL-STD-810 환경시험방법 – 공학적 가이드라인

시험방법 516.4 충격

⑨ MIL-STD-883 마이크로 일렉트로닉스의 시험방법 및 수순

기계적 시험(2000클래스) 2002.3 기계적 충격

⑩ MIL-STD-202 전자·전기부품의 시험방법

물리특성시험 시험법 202 D 충격

⑪ ISO/DIS 16750-3 기계적 부하로 인한 노상 주행차 – 전기 전자기기의 환경조건 및 시험으로 4.2에서 기계적 충격 4.3에서 자유낙하에 관해 구체적인 조건이 기술되어 있다.

마지막으로 지금까지 소개한 공적인 규격 내용에 대해서는 몇 가지 사양을 모아 검토한 중에서 표준적으로 성립되는 것으로 공적 규격은 입문을 위한 어드바이스 정도로 생각하고 절대적인 시험규격으로 받아들이지 않는 것이 중요하다.

참고문헌
① 에스펙 기술정보 No.3, 7, 9
② 복합환경시험에 관한 문헌조사보고서, (社)관서전자공업진흥센터, 신뢰성분과회(소화 61년)
③ ISO/DIS16750-1,3,4

맺음말

이러한 복합환경시험에 대해 저자가 50세가 되던 해부터 일생의 업이 될 자리를 마련해 주셨던 당시의 영업본부장 노지이 스스무 씨(현 **ESPEC** 사장) 및 복합환경시험에 대해 지도해주셨던 개발본부 기술고문 당시의 사장, 회장 시마자키 키요시 씨 및 현 상임 집행임원 후쿠모토 씨의 협력에 감사 드립니다. 현재 진동·복합시험 관련 기술을 지도하고 있는「오리엔탈 모터의 진동환경조건 연구회」여러분들의 협력에도 감사드립니다.

신뢰성 분야의 한정된 평가방법이지만, 앞으로도 필요하게 될 기업의 여러분들에게 강연 등에서 도움이 되는 정보를 드릴 수 있도록 편찬하고 싶었습니다.

끝으로 지난 15년 간의 활동을 음지에서 뒷받침해주면서, 이 책의 발행이 실현될 것을 병상에서 기원하다 타계한 아내 우메코에게 이 책을 헌정하는 것을 독자 여러분께서 너그러이 허락해주시기 바랍니다.

찾아보기

영문

AGREE 리포트 ································· 22

combined Test ····························· 30

Duration ·································· 17

ECA (냉각공기 공급) ······················· 149

FFT 알고리즘 ······························ 66

FFT ····································· 66

IFFT ···································· 66

ISO 국제규격 ····························· 154

ISO-16750 ······························· 154

PSD 제어 ································· 78

PSD ····································· 62

Sine on random ·························· 158

TEST STRENGTH (TS) ···················· 137

ㄱ

가동부 ·································· 39

가동환경 ································ 144

가속도 진동 ····························· 96

가진력 ·································· 38

감쇠응답 ································ 17

강음향 진동발생기 ························· 39

결로 ··································· 20

결정지표 ······························· 136

결함검출 ······························· 136

고온 시험실 ···························· 122

고온고습 사이클시험 ······················ 173

고온분위기 ····························· 172

고온환경 ······························· 24

고유진동수 ····························· 17

고장모드 ······························· 93

고장발생 메커니즘 ························ 95

고정 진동수 내구시험 ······················ 59

공진 진동특성 ···························· 113

공진 ·································· 105

공진배율 ···························· 105,134

공진점 검출시험 방법 ····················· 134

공진점 내구시험 ························· 131

공진점 ································· 105

공진주파수 ····························· 105

공진진동 내구시험 ························ 135

공진진동 ······························· 134

공진진동수 ····························· 103

공진특성 ······························ 106

공칭펄스 작용시간 ························ 73

과도현상 ······························· 16

관성력 가진시험 ·························· 80

구동 전류 ······························ 38

구동 코일 ······························ 38

구동전력 ······························ 50

규정변화율 ····························· 172

기계식 진동발생기 ························· 39

기계적 스트레스 ·························· 133

기본파 성분 ···························· 54

기상환경시험 ···························· 19

기체 ·································· 20

기화 ·································· 21

기화팽창 현상 ···························· 21

기화팽창 ······························· 27

ㄴ

내부 특질 ······························ 89

냉열충격시험 ···························· 93

노출시간 ······························ 157

ㄷ

다점 진동시험 ································· 83
다축 진동기 ································· 115
다축 진동대 ································· 81
다축 진동시험 ······························ 81
다축진동기 진동대 ·························· 117
단면 2차 모멘트 ···························· 107
단열 실 ··································· 46
대형파 펄스 ································ 72
도체 코일 ································· 43
디지털 샘플링 ······························ 54

ㄹ

라이프 사이클 엔드 ·························· 99
라이프 사이클 환경 ·························· 93
라이프 사이클 ······························ 38
랜덤 스펙트럼 ······························ 86
랜덤진동 패턴 ····························· 162
랜덤진동 ·································· 96
랜덤진동시험 ······························ 62
로우 임피던스 ····························· 140
루프체크 ·································· 55
리니어 평균횟수 ···························· 67

ㅁ

마모고장 ·································· 89
마찰계수 ·································· 96
매뉴얼 소인 ······························ 116
목표 진동파형 ····························· 151
무부하 정전압 특성 ·························· 49

ㅂ

밴드 리미트 랜덤진동 ························· 62
범프 시험 ································· 132
범프 ····································· 71

보상파 ··································· 76
보조테이블 ································ 49
복수 단축진동기 가진시험 ····················· 80
복합환경 스트레스 ························ 96,103
복합환경 신뢰성시험 ························· 119
복합환경시험 ······························ 90
분자운동 ·································· 20
불평형 모멘트 ······························ 39
불평형중추 ································ 39
브레이크 포인트 테스트 ······················ 131
브로드 밴드 랜덤진동 ························· 62
빙결 ····································· 21
빙결팽창 ·································· 27

ㅅ

사용 환경 스트레스 인자 ······················ 118
상대습도 ·································· 20
소요전력 ·································· 50
소요피상전력 ······························ 52
소인내구시험 ······························ 59
손실계수 (loss factor) ····················· 107
쇠퇴기의 안정성 ···························· 89
쇼크 진동 ································· 37
수소결합 상태 ······························ 21
수직 진동시험 ······························ 79
수평 진동시험 ······························ 80
순단현상 ································· 140
스트레스 레벨 ······························ 93
스트레스 스케줄 ··························· 105
스펙트럼 밀도 ······························ 86
스프링 질량계 ······························ 60
시각력 진동시험방법 ······················ 69,176
시뮬레이션 ································ 90
시스템 인티그레이션 ························· 155
시험 프로필 시스템 ························· 151
시험 프로필 ······························ 92,105

신뢰성시험 ·················· 38
신호발생기 ·················· 39
실환경 시뮬레이션 시험 ·········· 124

ㅇ

아이들링 진동 ·················· 121
알고리즘 ·················· 77
액추에이터 ·················· 38
양품 해석 ·················· 94
여자전원 ·················· 39
여자코일 ·················· 39
여진력 ·················· 39
역 전달 진동특성 ·················· 151
역 퓨리에 변환 ·················· 63
역기전력 ·················· 42
연결축 방식 ·················· 45
열 스트레스 ·················· 24,95
열 충격 시험 (thermal shock test) ·········· 28
열 충격시험 ·················· 26
열매체 ·················· 28
열용량 ·················· 143
열전도 효율 ·················· 28
열팽창계수 ·················· 95,143
열팽창수축 ·················· 142
오버트러블 ·················· 77
온도 사이클 시험 ·········· 26,93,96,131
온도 사이클 ·················· 95
온도 ·················· 19
온도범위 ·················· 132
온도변화율 ·················· 132
온도시험장치 ·················· 25
온도시험장치 ·················· 25
와전류 ·················· 43
왜곡 ·················· 54
왜곡률 ·················· 61
원 테이블 수직/수평 전환시험 ·········· 81

위상 ·················· 13,50
위상차 ·················· 50
유발 ·················· 19
유압진동발생기 ·················· 38
응답신호 ·················· 54
응답진동값 ·················· 54
응력부식 ·················· 97
응축 ·················· 19
의사 랜덤진동 ·················· 62
이퀄라이징 ·················· 66
인가 스트레스 ·················· 96
일렉트로 레조넌스 ·················· 45
임의파 진동 ·················· 37
임펄스 ·················· 71

ㅈ

자기회로 ·················· 40
자속밀도 ·················· 40
자유도(DOF) ·················· 65
작동하중 ·················· 133
잠재결함 ·················· 147
저온 시험실 ·················· 122
저온환경 ·················· 24
전동형 진동발생기 ·················· 38
전력증폭기 ·················· 39
전자유도 ·················· 42
전자제어 모듈 하우징 ·················· 168
정격운전 ·················· 50
정규분포 ·················· 37
정전압 특성 ·················· 48
정현반파 펄스 ·················· 72
정현반파 ·················· 17
정현진동(단진동) ·················· 13
정현파 소인 진동시험 ·················· 83
정현파 소인 ·················· 96
정현파 소인시험 ·················· 96

정현파 진동 ·········· 36
정현파 진동시험 ·········· 59
정현파 진동제어 ·········· 106
제어기 ·········· 48
제어루프 ·········· 55
제어속도 ·········· 57
제어장치 ·········· 52
조저 직결방식 ·········· 46
종탄성계수 ·········· 107
주기성 ·········· 37
주기진동 ·········· 12,36
주파수 대역 ·········· 86
지수평균 ·········· 67
진동 스트레스 ·········· 103
진동 제어기 ·········· 48
진동 파라미터 ·········· 156
진동·온도·습도 복합환경시험 ·········· 97
진동거동 ·········· 144
진동대 중립 지지기구 ·········· 40
진동대 축수기구 ·········· 40
진동발생기 ·········· 38
진동발생장치 ·········· 38
진동성분 ·········· 18
진동수 ·········· 13
진동에너지 ·········· 18
진동주파수 성분 ·········· 134
진동주파수 ·········· 103
진동축 ·········· 102
진동특성 ·········· 106
진동파형 ·········· 13
진폭 ·········· 13
진폭위상 ·········· 134
진폭확률밀도 ·········· 62
진폭확률밀도분포 ·········· 63

ㅊ

차트 그래프 ·········· 138
최대값 제어 ·········· 56
최소값 제어 ·········· 56
최적가속조건 ·········· 92
축공진 ·········· 49
충격 (쇼크) 진동시험 ·········· 69
충격 펄스 ·········· 71
충격 펄스폭 ·········· 17
충격시험 ·········· 131
충격운동 ·········· 71
충격진동 ·········· 131
충격파 ·········· 37,71
충격현상 ·········· 17,69
충격횟수 ·········· 74
취성파괴 ·········· 97

ㅋ

커넥터 순단 ·········· 140
코팅 ·········· 97
쿨롱 마찰력 ·········· 95
클로즈 루프제어 ·········· 83

ㅌ

타당성 확인 ·········· 154
탄성상수 ·········· 108
톱니파 펄스 ·········· 73
트래킹 필터 ·········· 61
트렌드 그래프 ·········· 138

ㅍ

파라미터 ·········· 68
파워 스펙트럼 밀도 ·········· 64
파일럿 스테이지 ·········· 38
파형 스트레스 효과 ·········· 131

팽창 ···························· 21
펄스의 작용시간 ················ 74
펄스파형 ······················· 71
평균값 제어 ···················· 56
평균화 ························· 56
평활화계수 ···················· 67
포화수증기 ···················· 20
퓨리에 변환 ···················· 63
프레임 ························· 68
프리체크 ······················ 55
플레밍의 오른손 법칙 ·········· 42
플레밍의 왼손법칙 ············· 38
피로 가속도 계수 ············· 140
피크 가속도 ··················· 74

하프사인 ······················ 17
협대역 랜덤진동 ··············· 62
협대역 밴드 패스필터 ·········· 61
확률밀도 ······················ 64
확률밀도함수 ··············· 37,62
환경 스트레스 ············· 87,118
환경인자 ······················ 91